基于浅水方程的水动力学数值模拟理论及工程应用

范玉　王鹏涛　李彦卿　廖小龙　熊继斌　著

中国水利水电出版社
www.waterpub.com.cn

·北京·

内 容 提 要

本书介绍了目前水动力学数值模拟理论方面的研究现状；阐述了浅水动力学的基本理论；推导了浅水控制方程的基本方程式；建立了适用于水利、港口、海岸和近海工程领域的"自由表面的浅水流动"问题的水动力学数学模型；利用书中所建立的数学模型，结合工程实例，详细介绍了该模型在洪水演进和风暴潮模拟等领域的应用。

本书可供从事河流模拟、洪水演进等涉及浅水流动问题研究的人员参考使用。

图书在版编目（CIP）数据

基于浅水方程的水动力学数值模拟理论及工程应用 / 范玉等著. -- 北京：中国水利水电出版社，2022.3
ISBN 978-7-5226-0575-3

Ⅰ. ①基… Ⅱ. ①范… Ⅲ. ①水动力学－数值模拟
Ⅳ. ①TV131.2

中国版本图书馆CIP数据核字(2022)第053769号

书 名	基于浅水方程的水动力学数值模拟理论及工程应用 JIYU QIANSHUI FANGCHENG DE SHUIDONGLIXUE SHUZHI MONI LILUN JI GONGCHENG YINGYONG
作 者	范 玉 王鹏涛 李彦卿 廖小龙 熊继斌 著
出版发行	中国水利水电出版社 （北京市海淀区玉渊潭南路1号D座 100038） 网址：www.waterpub.com.cn E-mail：sales@mwr.gov.cn 电话：(010) 68545888（营销中心）
经 售	北京科水图书销售有限公司 电话：(010) 68545874、63202643 全国各地新华书店和相关出版物销售网点
排 版	中国水利水电出版社微机排版中心
印 刷	天津嘉恒印务有限公司
规 格	184mm×260mm 16开本 9印张 186千字
版 次	2022年3月第1版 2022年3月第1次印刷
印 数	001—500册
定 价	**98.00元**

前 言
FOREWORD

随着计算机技术的发展，为了有效解决我国河流、水库、防汛抢险、风暴潮灾害预警等工程决策中的关键技术问题，数学模型已经成为研究的重要手段。

本书理论部分介绍了目前浅水动力学的发展及应用现状，系统推导了本书模型所用的浅水方程的基本形式，实例部分结合小清河滞洪区防洪规划以及渤海湾风暴潮及漫滩研究，介绍了基于浅水方程的水动力学数值模拟的相关应用。

本书的研究得到了河南省水利环境模拟与治理重点实验室及河南省水利水运工程技术中心的大力资助。

本书第 1 章第 1.1 节由华北水利水电大学范玉撰写，第 1.2 节、第 1.3 节由华北水利水电大学王鹏涛撰写，第 1.4 节由中水珠江规划勘测设计有限公司廖小龙撰写；第 2 章第 2.1 节、第 2.2 节由华北水利水电大学范玉撰写，第 2.3 节由海河流域北海海域生态环境监督管理局生态环境监测与科学研究中心李彦卿撰写；第 3 章、第 4 章、第 5 章第 5.1～5.3 节由华北水利水电大学范玉撰写，第 5.4 节由德州市水利勘察设计研究院熊继斌撰写；第 6 章由华北水利水电大学范玉撰写。

限于作者的经验和水平，书中难免出现错误和疏漏之处，真诚欢迎读者批评指正。

作者

2022 年 3 月

目 录
CONTENTS

第 1 章

绪　　论

1.1 研究背景及意义

人类与水的关系密不可分。人类文明源起于河流文化，从古至今人们都在不断地对水利资源进行开发和利用。然而，许多与水相关的自然灾害如洪水、溃坝、海啸、风暴潮、河流、湖泊及海洋污染等，给人类造成了重大的损失。

2004年12月26日印度洋发生大海啸，造成22.6万人死亡。2011年3月11日日本外海里氏9.0级地震引起了海啸的发生，位于福岛的核电站遭到破坏，产生了爆炸和核泄漏等安全事故。1975年在8月8日河南板桥水库垮坝，人员伤亡惨重，与洪水流向垂直的中国最重要的铁路干线京广线也被冲毁一百多千米。1998年我国长江、松花江、珠江、闽江等主要河流发生洪水灾害，涉及29省（自治区、直辖市），受灾农田达222.9万 hm^2，死亡人数为4150人，直接经济损失为2551亿元。2013年8月24日，黑龙江流域受多日连续强降雨，黑龙江干流多处发生溃堤，松花江险情危急。

水污染带来的灾害范围广、治理难度大。海洋的污染主要是发生在靠近大陆的海湾。由于密集的人口和工业，大量的废水和固体废物倾入海洋，加之海岸曲折造成水流交换不畅，使得海水的温度、pH值、含盐量、透明度、生物种类和数量等性状发生改变，对海洋的生态平衡构成危害。海洋污染突出表现为石油污染、赤潮、有毒物质累积、塑料污染和核污染等几个方面。以赤潮为例，在日本，由于甲藻及针孢藻赤潮造成的渔业损失，每年都在10亿日元以上；在墨西哥，1996年的环境问题45%是赤潮造成的，仅仅在贝类方面的损失就达几百万美元之巨；在南非西海岸，赤潮肆虐，仅1997年一次叉角藻赤潮就造成2000t龙虾死亡，价值达5000万美元；在北欧、北海及北大西洋沿岸，定鞭藻赤潮频发，使海洋动物遭受巨大损伤并使渔业损失；在菲律宾，1983年以来有毒藻类造成的PSP中毒事件就逾2000例，致115人死亡。目前，我国的渤海、黄海和东海的污染状况均较严重，其中污染最严重的渤海，已造成渔场外迁、鱼群死亡、有些滩涂养殖场荒废、一些珍贵的海生资源正在丧失。另外，近几十年伴随着我国经济的快速发展，环境问题日益严峻，生产、生活过程中产生了大量的污水、废水，我国江河湖库水域普遍受到不同程度的污染，工业发达城镇附近的水域污染尤为突出，城市地面水污染普遍较严重。近几年投入数十亿元巨资治理，效果仍不显著。遭受污染的水环境不仅威胁江河湖海的生态系统，而且对人类也造成严重危害，还制约了社会、经济的发展。

为建设资源节约型、环境友好型社会，制定合理的灾害预警机制，最大限度地减小自然灾害造成的损失，同时使得涉及水的人类活动对环境产生的负面影响最小化，需要对水在陆地和海洋范围内的运动、动力和环境特性进行详细研究。现阶段，对各种地表水体（天然河流、湖泊、人工水库、海洋）的运动、动力和环境特性进行研究，主要手段可概括为理论分析、模型试验和数值模拟三大方面。由于天然水体的运动受静、动边界及初始形态的影响千变万化，仅依据基础理论揭示其复杂运动过程十分困难；物理模型试验作为研究的主要手段之一推动流体力学发展功不可没，但其在研究范围、相似理论、测量手段、场地和经费等多方面受到制约。自 20 世纪中叶以来，随着计算机技术不断提高和数值计算方法的发展，计算流体力学 CFD（Computational Fluid Dynamics）成为促进流体力学发展的新支柱，数值模拟成为研究水动力和水环境问题的主要手段。以流体力学基本方程为基础，通过数值离散方法、给定相关初边值条件建立的数值模型，已经广泛应用于涉及水动力学和水环境学的各个领域。不同行业的学者均在各自研究领域建立了适合于具体问题的数值模型，具有不同功能的水动力及环境模型的开发和应用目前依然是国内外流体力学界研究热点。

在水利、港口、海岸和近海工程领域，诸多问题可归结为具有"自由表面的浅水流动"问题，如：复杂地形及溃堤坝后的洪水推进、海啸传播过程、半封闭水域水体交换、潮流场、温盐场、泥沙淤积、污染物迁移扩散、风生流及密度驱动流、海洋潮流能等问题。迄今为止，研究上述分属不同专业领域的各种流动问题的学者众多，研究方向可归结为两大类：①建立开发多功能、广适性模型，近 20 年来，水利工程、港口、海岸和近海工程领域出现了许多多功能的模型和软件，如 MIKE21、CFX、Fluent 等，这些模型建立和软件开发需要大量人力资源和周期；②众多学者从各自专业角度建立适用于自身问题的单一的数值模型，尽管模型功能单一，但在数值算法、边界处理等决定模型计算效率和精度的诸因素处理上优于上述的多功能模型，在数值算法、网格划分、间断处理、维度耦合等方面获得许多进展。

1.2 常用数值模拟软件

当前，比较通用的水动力应用商用软件主要有 Delft3D、MIKE、SMS、Fluent、CFX、Phoenics 等。这些软件又可以分为河口海岸数值模拟软件和 CFD 数值模拟软件两大类。水动力模拟计算中常用软件。

1.2.1 Delft3D

Delft3D 是荷兰 Delft 水力研究所开发的商用软件，适用于河流、河口及海岸的水流泥沙计算，可以用来模拟计算水流、水质生态、泥沙输移、波浪和地形演变等过程。Delft3D 是一个多维（二维和三维）的水动力和泥沙模拟计算软件，可以计算非恒定流体和泥沙输移。

Delft3D 采用直角坐标、柱面坐标及正交曲线坐标系，在三维计算中，垂向采用 Sigma 坐标。采用的计算模块基于有限差分法，基本方程求解采用 ADI 法，变量布置采用交错网格。Delft3D 实现了计算过程的模拟显示，其后处理模块采用 Delft-GPP，是一款具有优秀通用性和系统性的水动力学计算模拟可视化软件。

Delft3D 有以下主要特点：

（1）应用正交曲线网格坐标，使计算域能够更好地模拟复杂岸线。

（2）采用 ADI 法，计算稳定性好。

（3）应用干湿动边界处理技术，能准确模拟潮间带的露滩和淹没过程。

（4）具有很强大的前后处理功能。

Delft3D 在国际上应用得更为广泛，如荷兰、俄罗斯、波兰、德国、新西兰、新加坡、马来西亚等，尤其是美国军方已经有很长的应用历史。我国香港地区从 20 世纪 70 年代中期就开始使用 Delft3D。目前，我国引进 Delft3D 的主要有华东师范大学、上海水利勘测设计研究院有限公司、上海河口海岸科学研究中心、河海大学等。

1.2.2 MIKE

MIKE 系列软件是由 DHI 公司开发的用于水流、水质和泥沙输移的模拟计算的软件包，软件包整合在 MIKEZERO 中。DHI 的专业软件是目前世界上领先，经过实际工程验证最多的，被水资源研究人员广泛认同的优秀软件。软件的功能涉及范围从降水→产流→河流→城市→河口→近海→深海；从一维到三维；从水动力到水环境和生态系统；从流域大范围水资源评估和管理的 MIKE BASIN，到地下水与地表水联合的 MIKE SHE，一维河网的 MIKE11，城市供水系统的 MIKE NET 和城市排水系统的 MIKE-MOUSE，二维河口和地表水体的 MIKE21，近海的沿岸流 LITPACK，直到深海的三维 MIKE3。其中 MIKE11 为一维水流模型，主要用于河口、河流、灌渠及其他水体的水流、水质和泥沙的计算；MIKE21 为维水流模型，主要用于湖泊、河口、海岸及其他水体的水流、水质、波浪和泥沙输移计算，计算中采用直角坐标网格及正交曲线网格等；MIKE3 为三维水流模型，由水动力模型、紊流模型和泥沙输移模型三个模块组成，主要用于自由表面水体的水动力计算，适合于模拟河流、湖泊、河口、海岸等水体的水流、水质和泥沙输移；MIKE Flood 是一维、二维动态耦合的洪水模块。

MIKE 的计算模块也是基于有限差分法，基本方程求解用 ADI 法，采用交错网格离散。MIKE 提供了较为强大的后处理模块，将数据与图形捆绑在一起，可以更为方便地根据图形查找数据或者通过更改数据来实时修改图形。

MIKE 系列软件是国内引进相对较早且应用较多的数值模拟软件之一，应用单位有浙江省水利河口研究院、大连理工大学、河海大学、上海交通大学、华北水利水电大学等。

1.2.3　SMS

SMS（Surface Water Modeling System）由 Brigham Young University 的环保模拟研究实验室（Environmental Modeling Research Laboratory）、美国水道试验站（U. S. Army Corps of Engineers Waterways Experiment Station）和美国联邦高速公路（U. S. Federal Highway Administration）联合开发。

该软件包括自由表面水流模型的前、后处理软件，有二维和三维的有限元和有限差分模型以及一维水流模型，包括水动力模型、波浪模型以及污染物和泥沙输移模型等，适合任意形状的大小、复杂的网格的构建。

该软件计算模块相对较多，用户可以根据实际情况选择不同的计算模块，最为特别的是，用户可以自定义计算模块。

以上简要介绍了一些国外较为成熟的河口海岸数值模拟软件，这类软件均已经在不同程度上完成了模拟及可视化系统的集成，具有操作界面友好、可视化程度高等优点，且均有很好的应用。同时也存在以下问题：

（1）国外河口海岸数值模拟软件只提供可执行软件，不提供源程序。由于其选用的公式和参数无法进行调整，当针对不同情况进行计算时，尚存在着适应性不强的问题。

（2）国外的商业软件在解决一些水力学基本问题方面虽然很成功，但是难以很好地应用到国内较为复杂的河口海岸工程实际问题中。

本书旨在总结现有研究理论成果基础上，建立适用于水利、港口、海岸和近海工程领域的"自由表面的浅水流动"问题的水动力学数学模型，并把它应用于实际工程问题。

1.3　主要计算方法

在水利、港口、海岸和近海等工程领域，具有自由表面、主要驱动力为重力、垂向加速度可以忽略的诸多流动，如：溃坝后的洪水推进、海啸传播过程、半封闭水域水体交换、潮流场、温盐场、泥沙淤积、污染物迁移扩散、风生流等问题，可以统称为具有

"自由表面的浅水流动"问题，简称"浅水问题"。对浅水流动的模拟已经转化为对浅水控制方程的数值求解。因此，必须具体了解浅水控制方程常用的求解方法，以便进行理论研究，改进算法。当前求解浅水控制方程的数值计算方法是有很多的，但使用最广泛的计算方法主要还是有限差分法、特征线法、有限元法、有限体积法。

1.3.1　有限差分法（FDM）

有限差分法是目前为止，应用得最早和使用最成熟的一种数值方法，现在使用率仍然很高。有限差分法以泰勒级数展开为工具，对水流运动微分方程中的导数项用差分式来逼近，从而在每一计算时段可得到一个差分方程组。如差分方程组的各方程可独立求解，称为显格式，反之，若需联立求解，称为隐格式。随着所用泰勒展开式的不同，差分格式可按逼近精度分为一阶、二阶、以至更高阶，也可按格式的性质分为中心及逆风（或偏心）格式两大类。这种方法把微分问题转换为代数问题，将复杂的数学概念用简单又直观的方式做了表达。1967 年美国 Leendertse 首次应用交替方向隐（ADI）差分格式模拟二维潮汐水流，并很快得到推广。交替方向隐式（ADI）格式、LAX - FRIEDRICHS 格式、LAX - WENDROFF 格式、MACCORMACK 格式等二维浅水控制方程差分格式在工程中常被应用。张大伟在计算和分析哈尔滨上游洪区的最大洪水和分洪能力中，采用二维水流模型模拟出了该工程的复杂问题。马延文、傅德薰介绍了高精度有限差分法。姜志群、王佩兰将有限差分法应用在计算修正后的 Newton - Laphson 迭代法率定河道洪水演进，结果表明该方法非常有效。于子波等采用有限差分法对由水质状态建立的数学模型进行求解，同时对求解中的误差进行修正，研究结果为河流水质污染的预测及防治提供了理论支撑。汤玉福在求解高升水源各项补排量时，建立了有限差分法模型，并对其进行了求解。

早期的二维模型建立在有限差分法和矩形网格基础上，如 Liggett、Woolhiser 建立的模型。1973 年，Chow、Ben - Zvi 提出了建立于 FMD 基础上，可处理间断与支流入流的非恒定流模型。刘树坤等人用显格式模拟了永定河泛洪水，1991 年进行了小清河分洪区洪水模拟。周孝德等用二维洪水演进的隐式差分模型，对君山滞洪区的洪水模拟计算。曹志芳等在洪水干河床模拟中采用有限差分法的逆风格式离散控制方程。

FDM 建立在经典的数学逼近理论的基础上，简单且易被人们接受，处理效率较高。该方法传统且成熟，多针对收敛性、误差分析、稳定性等理论进行研究，因此应用广泛，尤其适合于依赖于时间的非恒定流问题。但是，有限差分也存在许多不足之处。控制微分方程表达了质量守恒与动量守恒的物理定律，使用有限差分方程有时不能严格保持守恒性质，数值解会出现水量、动量不平衡的守恒误差。经典有限差分法常常也不能用来正确计算间断解，由于网格密度的限制，不能较好地逼近平面水体的周边形状，边界线的转折点等处的边界条件不易实现。近年来尝试引入计算空气动力学于 20 世纪 70 年代提出的边界拟合曲线坐标系，但仍存在控制方程变复杂、计算量加大且计算域形状受限制等缺点，故未得到普遍推广。在二维情形，由于使用泰勒级数展开，故有限差分一般只用于矩形或正交曲线网格。有限差分通常在数值解精度方面，存在根本性的困难。

1.3.2　特征线法（MOC）

特征线法亦称一维情形，其与有限差分的主要不同在于利用沿特征成立的特征方程（又称相容关系），而不是利用普通空间坐标中的原始方程。特征方程反映了双曲问题中信息沿特征传播的性质。因而算法符合水流的物理机制，是一种更合理的逆风格式。特征线法在河流污染物扩散和管网及溃坝洪水等方面的计算都有应用。不足之处是特征方程常为非散度形式（非守恒形式），用差分法离散特征方程时会带来守恒误差。当水流沿程变化较大（如存在底坡）时，非齐次项的计算较烦琐，且可能带来极大的误差，特征线法也不能直接计算间断解，在间断点需采用拟合法使两侧衔接起来。

1.3.3　有限元法（FEM）

有限单元法是一种数值分析方法，是把真实的问题转换成离散的有限个单元集合体，借助单元的分析，获得整个结构的近似值，该方法可以获得足够精度工程问题近似值。有限元法原理是分单元对解逼近，使微分方程空间积分的加权残差极小化，进而建立方程组给出数值解。有限元法始于 20 世纪 50 年代，最早的用途是由于飞机结构分析所需要，吴春秋等利用有限单元法的体系严密性分析了土体稳定问题，解决了经典土力学无法圆满解决的问题。自有限元在固体力学中显示出相对于有限差分法的强大竞争力以后，从 70 年代起开始应用于计算水力学中。其原理是分单元对解逼近，使微分方程空间积分的加权残差极小化。由此建立有限元方程组给出数值解。通常选择权函数和逼近用的形状函数相同，是为 Galerkin 有限元法。水下地形是决定水体在重力下如何流动的主要因素，FEM 的最大优点是所用的不规则的无结构网格，易于较准确地逼近浅水体周边地形和水下地形。但 FEM 主要用于模拟恒定流（类似于模拟固体的静应力状态），否则每一计算时段都要求解一个庞大的方程组。另外，FEM 主要适于求解椭圆方程边值问题，故主要用于不可压流。对可压流及浅水流这样的双曲初边值问题，标准的 Galerkin FEM 相当于中心格式，需要改造成特殊的 FEM 才能相当于逆风格式，甚至可处理间断解。因此，FEM 在浅水流模拟中并未得到推广。曾光明等建立了河流水质模型并与有限单元法结合，对复杂河段水质进行模型数值计算，破解了单元网格仅仅靠经验判断的难题。焦润红以 Preissmann 四点隐式差分格式和加权集中质量的有限单元法为基础，建立一维、二维耦合的水沙模型，为河口围垦工程环境评价提供了研究平台。谢一凡就解决二维地下水流问题利用改进多尺度有限单元法进行专题研究。苏超等利用有限单元法在高拱坝优化设计中提出了优化方法及体系。

1.3.4　有限体积法（FVM）

有限体积法也称控制体积法。有限体积法的基本原理和 FEM 一样，将计算域划分成若干规则或不规则形状的单元或控制体（也称之为网格），并使每个网格节点周围都有一个控制体，然后使用待求解的微分方程对每一个这样的控制体进行积分，从而得到一组离散方程，在这组离散方程中的未知数是因变量在控制体上的某种平均值，计算过程中再结合边界条件和初始条件，对这些未知数进行求解。在计算出通过每个控制体边界沿法向输入（出）的流量和动量通量后，对每个控制体分别进行水量和动量平衡计算。便得到计算时段末各控制体平均水深和流速。对于相邻控制体来说跨越各个控制体的通量全都是大小相等、方向相反的，因此在整个计算域上的通量计算都是严格满足守恒律，不存在守恒误差。有限体积正是对于推导原始微分方程所用控制体途径的回归，与 FDM 和 FEM 的数值逼近相比其物理意义更直接明晰。如跨边界通量的计算只使用时段初值，为显式有限体积；反之，当涉及时段始末的值时，则为隐式有限体积。有限体积能像有限元一样适用于任意的不规则网格（坐标用于预先计算网格几何特征而不影响通量算法），且着眼于控制体上的逼近，具有守恒性（将直角坐标下的守恒逆风格式推广到一般的不规则网格），又能像特征线格式一样具有以特征（而非流速）为基础的逆风性。并且，在具有上述优良性能的同时，处理效率在具有上述优良性能的同时，处理效率与有限差分相近，而远高于有限元。在此意义上说，有限体积体现了有限元的几何灵活性、特征线法的精度和有限差分的效率和守恒性，是经典有限体积与这些方法的结合。

有限体积最早由 McDonald 提出，在 1971 年首次用于求解二维欧拉方程，1972 年被 Patankar 等用于 SIMPLE 算法，计算恒定不可压流。但当时的 FVM 采用交错矩形网格，通量计算也相当中心格式。1977 年，Jameson 等将其应用于气流计算中。20 世纪 80 年代后，随着网格生成技术，尤其是非结构化网格技术的发展更是给有限体积法注入了强大的生命力，建立在非结构化网格上的有限体积法在计算空气动力学中的成功应用和普及，促使诸多学者将该方法引入到了平面浅水流的计算当中。

国内最早利用有限体积法应用在无结构网格 FVM 方面取得了一系列研究成果。1989 年，胡四一等用 TVD 格式预测溃坝洪水波的演进。1991 年，胡四一等将在空气动力学领域内广泛应用的高性能格式 FVS、FDS 和 FCT 应用到一维非恒定流计算中。同年，谭维炎等给出了一种普适的二维浅水流动的高性能格式——有限体积 Osher 格式。1992 年，谭维炎等利用浅水流动的可压缩流比拟讨论浅水控制方程组的特性及有关物理现象，将模拟推广到任意断面非棱柱形明渠。1995 年，谭维炎等应用二维有限体积法、Osher 格式及间断拟合法，计算了钱塘江河日涌潮产生、发展到消亡的全过程。2006 年，范玉建立了一个能适应各种复杂条件的一维、二维洪水演进数学模型，其中大清河滞洪区采用二维无结构非恒定有限体积格式，以适应滞洪区复杂的边界形状和保持水量平衡。2014 年，范玉、李大鸣等应用有限体积法建立一维、二维衔接的数学模型，对永定河泛区进行数值模拟。赵棣华、戚晨等利用平面二维水流—水质有限体积法验证了汉江中下游的水质问题模型，为汉江中下游水质的评价提供了依据。陈靖、李大鸣等采用无结构网格建立天津市暴雨沥涝仿真模拟系统。吕心瑞、姚军等利用有限体积法在保证局部质量守恒上的优势，对裂缝予以显式降维处理，从而大幅度地提升了计算效率。李绍武、张弛等在有限体积法的近岸水流模型中，对平面二维水流数学模型进行了改进。张丽琼等用有限体积法结合通量向量分裂格式（FVS）对长江江苏段水流进行模拟，证明了此种算法是一种高解析度的方法。随着无结构网格的普及和通量算法的改进，在 FVM 的实现上有很大的丰富和提高，因为该方法物理意义明确、守恒性良好等优点，而且具备几何灵活性，还能够处理连续水流及间断水流，结合了有限差分法和有限单元法的双重优势，所以其在水流运动的数值模拟中得到了越来越广泛的应用，使用有限体积法模拟二维浅水水流问题已成为浅水流动计算的主要途径。

1.4　网格生成技术

在水动力数值模拟计算中，几乎所有的复杂流场的模拟均需要进行网格的划分，网格生成是有限元法、有限差分法、有限体积法等数值计算方法求解偏微分方程组的先决条件。常见的计算网格可以分为有结构网格和无结构网格。一般数值计算中正交和非正交曲线坐标系中生成的网格都是结构化网格，其特点是每一节点与其邻点的联结关系固定不变且隐藏在所生成的网格之中。

1.4.1　有结构网格（FDM）

在早期的有限差分数值计算方法中，常常采用的矩形网格就是结构网格。每个格子的边长比及相邻格子边长比要满足一定限制、以保证精度。矩形网格容易确定格子间的邻接关系，也利于用差分逼近导数。便于组织数据结构，程序设计简单，适于各种算法，处理效率较高。在实际计算中结构网格又可分为交错网格和非交错网格，目前常用的交替方向隐式法即 ADI 法就是交错网格的典型应用。但往往实际工程中求解的计算域不一定是矩形区域，在计算中需要把计算域概化成锯齿形边界。因此，在比较复杂的边界条件和地形条件下计算结果有时会出现虚假水流流动的现象，边界附近解的误差较大，且采用结构网格不容易控制网格密度，对计算网格不容易进行修改。1974 年，Thompson 等提出生成贴体坐标的方法，从而解决了以往结构网格对复杂边界条件适应性差的缺陷。其中建立在边界贴体坐标系下的正交曲线数值网格方法，能够很好地描述复杂几何形状物体的边界，从而使传统算法的应用得到了很好的推广。但它只能对几何形状简单的计算域建网，对于形状复杂区域需用若干割线将域剖分为简单的子域后分别建网，这时需要解决分块之间的解的不协调问题。

1.4.2　无结构网格 （FEM）

无结构网格最早使用在有限单元法中。常用任意三角形或四边形构成不规则网格。由于四边形网格显格式时 Δt 较三角形大；节点数相同时三角形网格的格子和边的数目为四边形网格的两倍或多倍，因而计算量大；拉长的三角形上一阶方法的精度和稳定性很差；四边形网格数值精度较高，且二阶黏性项较易处理，因此，目前倾向于多用凸四边形网格。两者可混合使用，以四边形为主体，以三角形为补充，后者用在局部地形巨变、粗细网格过渡及曲折边界处。

无结构网格的优点是与边界及水下地形拟合较好，利于边界条件的实现；便于控制网格密度，易作修改和适应性调整；建网比曲线网格容易，大型三角网可用程序自动生成。但由于无结构网格排列不规则，计算中需要建立数据结构与记忆计算单元之间的关系，需要较大的内存空间来建立数据结构来检索格子间关系；在无结构网格计算中，计算单元随机性增加的寻址时间、网格的非方向性也导致了梯度项计算量大大增加，隐格式求解效率低，一般使用迭代法，计算速度和有结构网格相比较大大降低，数值解后处理工作较大。

鉴于有结构网格和无结构网格各自的优缺点，目前在计算中常将两种方法混合使用，即在边界和地形较复杂的位置采用无结构网格，在计算域内部和地形变化不大的地方采用结构网格计算。另外，为了提高计算速度，近年来发展起来的多重网格方法在水流模拟中也逐渐被应用。

1.4.3 网格生成技术

流体流动数值模拟中计算域的离散是非常重要的一步。为利用不规则网格进行数值模拟计算，需建立一个能够描述计算域几何形状、物理属性和边界条件的计算模型。对于较简单的问题，输入的数据较少，能很方便地计算出来并手工处理。但对于中到大尺度模拟计算问题，手工生成网格数据就变得容易出错甚至不可行。而且在生成网格拓扑数据时，即使生成正确无误的模型，但若模型需要修改，如计算区域扩大或缩小，则需要重新生成模型，从而必然造成大量的重复劳动。对于二维问题，特别是非恒定流问题，必须以图形形式进行分析。因此，近年来，有关复杂区域的网格全自动生成问题成了一个非常热门的研究方向。在其他数值计算的各种学科中也是关注的焦点。国内外不少学者在这方面已经做了大量的研究，并取得了很大进展，出现了大量不同的实现算法，这些算法一般都能编辑输入数据并自动生成整个或部分网格并包含如下功能：网格划分、局部网格优化及其引起的单元重新分布的优化、自动给单元和节点重新编码，并具有自动纠错功能。这些功能能够节省用于建立网格的大量工作并减少计算费用。网格生成程序一般能编辑所有的输入数据并自动生成所有或部分计算网格属性数据（拓扑关系数据、节点坐标与高程、单元平均高程等）。许多程序采用交互式操作方式并使用图形输入输出设备，如数字化仪、交互式绘图仪及图形终端，另外还可执行更多的任务以增加更大的灵活性和更有效的离散化，如：网格绘制、局部网格加密及连续的单元光滑以及对单元和节点进行编号，建立优化的拓扑关系。

目前，网格生成方法主要有映射法、四叉树法、Delaunay 方法和前沿推进法。

（1）映射法主要应用于生成结构化网格，它实现简单，运行效率高，且最终网格质量好，但很难适应复杂边界。

（2）四叉树法较多应用于四边形网格的生成，难点在于如何处理物体的边界。

（3）对于三角形网格的生成，主要有 Delaunay 方法和前沿推进法两种方法。Delaunay 方法具有数学基础好，快速有效，且生成的网格质量好等独特优势，近 20 年来引起了计算几何、计算流体力学等数值计算领域的众多研究者的关注并对其不断完善，已成为三角形网格生成的主流方法之一。

本书主要介绍 Delaunay 三角形网格生成方法和四叉树—Delaunay 方法。

1. Delaunay 三角形网格生成方法

Delaunay 三角形网格生成方法的依据是 Dirichlet 在 1850 年提出的由已知点集将平面划分成凸多边形的理论，其基本思想是：给定区域 Ω 及点集 $\{P_i\}$，则对每一点

P 都可以定义一个凸多边形 V，使凸多边形 V_j 中的任一点与 P 的距离都比与 $\{P_i\}$ 中的其他点的距离近。该方法可以将平面划分成一系列不重叠的凸多边形，称为 Voronoi 区域，并且使得 $Q = \bigcup V$，且这种分解是唯一的。如图 1.1 中 Voronoi 区域 9 个点组成的点集按照 Dirichlet 理论将平面划分为若干个凸多边形，其中有的凸多边形顶点在无穷远处：以点 5 为例，点 5 所拥有凸多边形 $V_2V_3V_4V_6V_8$ 中每一点距离点 5 都比其他 8 个点近。

凸多边形的每一条边都对应着点集中的两个点，如 $V_2V_3V_4V_6V_8$ 中的边 V_2V_3 对应点对（2，5），边 V_3V_4 对应点（4，5），这样的点称为 Voronoi 邻点，将所有的 Voronoi 邻点连线，则整个平面就被三角化了。由此可见，对于给定点集的区域，该区域的 Voronoi 图是唯一确定的，相应的三角化方案也唯一确定，根据这一原理并结合上述数据关系，可以实现对任意给定区域的 Delaunay 三角化。

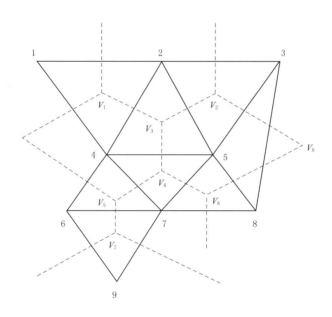

图 1.1　Voronoi 区域三角化示意图

Delaunay 三角形网格具有一些很好的数学特性：

（1）唯一性，对点集 $\{P_i\}$ 的 Delaunay 三角剖分是唯一存在的。

（2）外接圆准则，即 Delaunay 三角形的外接圆内不含点集 $\{P_i\}$ 中的其他点。

（3）均角性，即给出网格区域内任意两个三角形所形成的凸四边形，则其公共边所形成的对角线使得其 6 个内角的最小值最大，这一特性能保证所生成的三角形接近正三角形。在这几条性质尤其是外接圆准则在 Delaunay 三角剖分算法中有着非常重要的作用。

2. 四叉树—Delaunay 方法

四叉树布点方法是一种较好的布点方法。汪承义（2000）将四叉树布点方法和 Delaunay 连网方法相结合，提出了四叉树—Delaunay 网格生成方法。其基本思想是运用四叉树方法对区域布点，从而使整个区域点的分布与控制条件的复杂程度相关联，再运 Delaunay 方法对整个区域的点连网，从而得到质量高的网格，最后对整个网格进行光滑处理，并对三角形网格加入断线与边界控制。使整个网格变化平缓而更适宜计算。此方法无论计算域的边界如何复杂都可处理，并且生成的网格形状好、连通性好且变化平缓。

（1）方法的基本流程如下：

1）运用四叉树布点方法进行布点。

2）对产生的点进行数据分区。对数据进行分区是为了提高数据的查找速度，提高运算效率。一种快速的数据分区方法是将点集划分为 N/K 个相等的单元，每个单元中平均包含 K 个离散点（通常 $K=4$），建立一个一维数组，存储每个分区单元中第一个点的索引，同时建立一个点链表，存储位于同一分区单元中所有点的信息以及其下一点的索引。对于要确定某个点落在三角网的某个三角形内，为了提高三角形检索的效率，需对三角形进行检索。三角形的检索方法是按形心坐标进行数据分区，这样要判断点 P 落在三角网的哪个三角形内，只需根据 P 点的平面坐标计算点 P 落在哪一个分区单元内，将该分区单元内的三角形取出逐一判断是否位于三角形内即可。

3）根据边界控制产生初始三角网。

4）把点集逐步插入到三角网。

5）对产生的三角网进行优化。

6）对优化后的三角网进行平滑处理。

7）重复流程5）、流程6）三次。

8）对得到的三角网插入特征断线。

（2）断线的处理步骤如下：

1）找出所有与断线相交的三角形并求出交点。

2）根据 Delaunay 点插入算法插入交点，并局部更新三角网的拓扑邻接关系。

3）更新断线，新的断线由一系列小断线组成。

4）重复步骤1）、步骤2）、步骤3）直到插入所有断线。

图 1.2 为断线的处理示意图，在图 1.2（a）中，硬断线 12 与三角网中的三个三角形相交，交点为 3、4。在图 1.2（b）中，插入点 3 更新三角网。在图 1.2（c）中，插入点 4 更新三角网，新的断线由 13、34、42 组成，从而得到了加入断线的三角网。

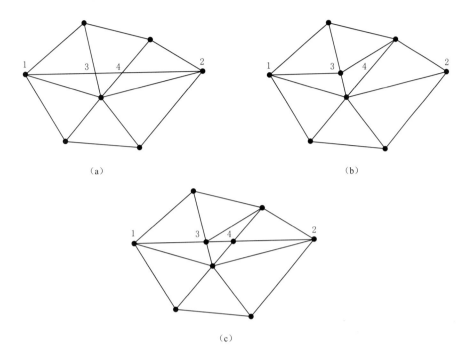

（a）

（b）

（c）

图 1.2 断线的处理示意图

第 2 章

浅水动力学基本理论和浅水控制方程

2.1 基本理论

研究水流运动规律是为了准确地预测水流运动。预测的实质，是在给定的物理条件下，求出控制着物理过程的若干变量在空间的分布和随时间的演变。

20 世纪 50 年代，通过利用计算机模拟近似满足浅水假设水流，促进了浅水动力学基本理论的建立。

（1）浅水控制方程应符合以下条件：

1）具有自由表面。

2）以重力为主要驱动力，以水流与面体边界之间及水流内部的摩阻力为主要耗散力，有时还存在水面气压场、风应力及地转柯氏力等的作用。

3）水平流速沿垂线近似均匀分布，不必考虑实际存在的对数或指数等形式的垂线流速分市。

4）水平运动尺度远大于垂直运动尺度，垂向流速及垂向加速度可忽略，从面水压力接近静压分布。

（2）在流体力学中浅水流动是对实际流动的一种简化和概化，在实际问题中，通常可以作为非恒定流处理的具有自由表面的实际水流，通常有以下的情况：

1）水深相对较浅。水深 h 和波长 L 之比小于 0.4 时称为浅水长波。

2）水底坡度较缓。设底坡倾角为 α，判断坡度较缓的条件是 α 满足 $\sin\alpha \approx \tan\alpha$。

3）水面渐变且坡度较缓。另外，水深沿程变化很大的急变流，除过渡段很短概化为间断外，其他区域仍可作为浅水流动处理。

4）无明显垂直环流。风生流、河流弯曲以及滩槽交换等因素在垂直平面内产生二次流的，浅水模型需要加以改正。温度不均及水中携带物质的需要作为密度流来处理。

因此，浅水流动是指在重力作用下密度均匀、具有自由表面、流动近似水平的长波传播现象。它是一种特殊形式的三维流动。如溃坝后的洪水推进、海啸传播过程、半封闭水域水体交换、潮流场、温盐场、泥沙淤积、污染物迁移扩散、风生流等问题，可以统称为具有"自由表面的浅水流动"问题，简称"浅水问题"。在需要考虑垂向交换与垂向环流时，一般应采用三维不可压水流模拟，或在侧向交换可忽略时，采用铅垂平面内的二维不可压水流模拟。在流线束接近平行，不需要考虑垂直运动，且只要求提供沿程水位和流量时，可采用一维浅水流模拟。若流场中难以确定与流线正交的断面，且要求提供水位和水平流速平面分布时，可采用二维浅水流模拟。

2.2　浅水控制方程

得到浅水控制方程有两种：①从有限控制体的水量和动量平衡出发，引入必要的假定，这样推导起来比较简单，在大量的流体力学等相关文献里对该方法都有详尽的描述；②从三维流体动力学方程出发，逐步引入假定，进行空间积分加以简化，虽然推导方程较繁，但可以看出浅水控制方程的特殊性所在。为了更清楚系统地了解方程的意义和由来，本书从三维流动开始对浅水控制方程进行系统的推导。

2.2.1　静水压强假设下三维流动基本方程

1. 连续性方程

流体运动最普遍的形式是空间运动，为建立连续性方程，在流场中截取其边长为 $\mathrm{d}x$、$\mathrm{d}y$、$\mathrm{d}z$ 的微元长方体空间，如图 2.1 所示。

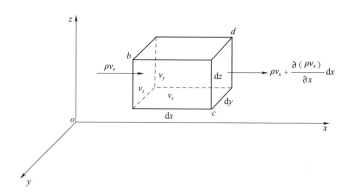

图 2.1　流体单元的质量流

设流体通过微元长方体各方向速度分量为 v_x、v_y、v_z，密度为 ρ，如果流体流入至流出的时间为 $\mathrm{d}t$，则 x 向的质量差可用式（2.1）表示为

$$\rho v_x \mathrm{d}y\mathrm{d}z\mathrm{d}t - \left[\rho v_x + \frac{\partial(\rho v_x)}{\partial x}\mathrm{d}x\right]\mathrm{d}y\mathrm{d}z\mathrm{d}t = -\frac{\partial(\rho v_x)}{\partial x}\mathrm{d}x\mathrm{d}y\mathrm{d}z\mathrm{d}t \tag{2.1}$$

同理可得 y、z 方向的质量差分别为 $-\dfrac{\partial(\rho v_y)}{\partial y}\mathrm{d}x\mathrm{d}y\mathrm{d}z\mathrm{d}t$ 和 $-\dfrac{\partial(\rho v_z)}{\partial z}\mathrm{d}x\mathrm{d}y\mathrm{d}z\mathrm{d}t$，在 $\mathrm{d}t$ 时间内流入与流出的该微元体的质量和为 $-\left[\dfrac{\partial(\rho v_x)}{\partial x} + -\dfrac{\partial(\rho v_y)}{\partial y} + -\dfrac{\partial(\rho v_z)}{\partial z}\right]\mathrm{d}x\mathrm{d}y\mathrm{d}z\mathrm{d}t$，微元体空间体质量的增量为

$$\left(\rho + \frac{\partial \rho}{\partial t}\mathrm{d}t\right)\mathrm{d}x\,\mathrm{d}y\,\mathrm{d}z\,\mathrm{d}t - \rho\,\mathrm{d}x\,\mathrm{d}y\,\mathrm{d}z\,\mathrm{d}t = \frac{\partial \rho}{\partial t}\mathrm{d}x\,\mathrm{d}y\,\mathrm{d}z\,\mathrm{d}t$$

代入得

$$-\left[\frac{\partial(\rho v_x)}{\partial x} + \frac{\partial(\rho v_y)}{\partial y} + \frac{\partial(\rho v_z)}{\partial z}\right]\mathrm{d}x\,\mathrm{d}y\,\mathrm{d}z\,\mathrm{d}t = \frac{\partial \rho}{\partial t}\mathrm{d}x\,\mathrm{d}y\,\mathrm{d}z\,\mathrm{d}t$$

整理得

$$\frac{\partial(\rho v_x)}{\partial x} + \frac{\partial(\rho v_y)}{\partial y} + \frac{\partial(\rho v_z)}{\partial z} + \frac{\partial \rho}{\partial t} = 0 \tag{2.2}$$

对于不可压流体 $\dfrac{\mathrm{d}\rho}{\mathrm{d}t} = 0$，式（2.2）简化为

$$\frac{\partial(\rho v_x)}{\partial x} + \frac{\partial(\rho v_y)}{\partial y} + \frac{\partial(\rho v_z)}{\partial z} = 0$$

若用 u、v、w 分别表示速度沿 x、y、z 三个方向分量，即得常见的三维流动的连续性方程为

$$\frac{\partial u}{\partial x} + \frac{\partial v}{\partial y} + \frac{\partial w}{\partial z} = 0 \tag{2.3}$$

2. 运动方程

根据动量定理 $\delta F = \dfrac{\mathrm{d}}{\mathrm{d}t}(V\delta m)$，且 δm 为常数，于是得

$$\delta F = \delta m \frac{\mathrm{d}V}{\mathrm{d}t} \tag{2.4}$$

δF 包括表面力 δF_S 和质量力 δF_B，即

$$\delta F = \delta F_S + \delta F_B \tag{2.5}$$

$$\delta F_B = \rho g \delta x \delta y \delta z \tag{2.6}$$

$$\delta F_{Sx} = \left(\frac{\partial \sigma_{xx}}{\partial x} + \frac{\partial \tau_{yx}}{\partial y} + \frac{\partial \tau_{zx}}{\partial z}\right)\delta x \delta y \delta z \tag{2.7}$$

$$\delta F_{Sy} = \left(\frac{\partial \tau_{xy}}{\partial x} + \frac{\partial \sigma_{yy}}{\partial y} + \frac{\partial \tau_{zy}}{\partial z}\right)\delta x \delta y \delta z \tag{2.8}$$

$$\delta F_{Sz} = \left(\frac{\partial \tau_{xz}}{\partial x} + \frac{\partial \sigma_{yz}}{\partial y} + \frac{\partial \tau_{zz}}{\partial z}\right)\delta x \delta y \delta z \tag{2.9}$$

$$\frac{\mathrm{d}V}{\mathrm{d}t} = \frac{\partial V}{\partial t} + u\frac{\partial V}{\partial x} + v\frac{\partial V}{\partial y} + w\frac{\partial V}{\partial z} \tag{2.10}$$

$$\delta m = \rho \delta x \delta y \delta z \tag{2.11}$$

把式（2.5）～式（2.11）代入式（2.4）得

$$\frac{\partial u}{\partial t} + u\frac{\partial u}{\partial x} + v\frac{\partial u}{\partial y} + w\frac{\partial u}{\partial z} = \frac{1}{\rho}\left(\frac{\partial \sigma_{xx}}{\partial x} + \frac{\partial \tau_{yx}}{\partial y} + \frac{\partial \tau_{zx}}{\partial x}\right) \tag{2.12}$$

$$\frac{\partial v}{\partial t}+u\frac{\partial v}{\partial x}+v\frac{\partial v}{\partial y}+w\frac{\partial v}{\partial z}=\frac{1}{\rho}\left(\frac{\partial \tau_{xy}}{\partial x}+\frac{\partial \sigma_{yy}}{\partial y}+\frac{\partial \tau_{zy}}{\partial x}\right) \tag{2.13}$$

$$\frac{\partial w}{\partial t}+u\frac{\partial w}{\partial x}+v\frac{\partial w}{\partial y}+w\frac{\partial w}{\partial z}=g+\frac{1}{\rho}\left(\frac{\partial \tau_{xz}}{\partial x}+\frac{\partial \sigma_{yz}}{\partial y}+\frac{\partial \tau_{zz}}{\partial x}\right) \tag{2.14}$$

对于不可压缩流体,应力和应变满足式(2.15)、式(2.16):

$$\sigma_{xx}=-p+2\mu\frac{\partial u}{\partial x} \tag{2.15}$$

$$\sigma_{yy}=-p+2\mu\frac{\partial v}{\partial y} \tag{2.16}$$

把式(2.15)、式(2.16)分别代入式(2.12)、式(2.13),且在方程的左端分别加上一项 $u\left(\dfrac{\partial u}{\partial x}+\dfrac{\partial v}{\partial y}+\dfrac{\partial z}{\partial z}\right)$,由式(2.3)即得到

$$\frac{\partial u}{\partial t}+u\frac{\partial u}{\partial x}+v\frac{\partial u}{\partial y}+w\frac{\partial u}{\partial z}=-\frac{1}{\rho}\frac{\partial p}{\partial x}+\frac{1}{\rho}\left(\frac{\partial \tau_{xx}}{\partial x}+\frac{\partial \tau_{yx}}{\partial y}+\frac{\partial \tau_{zx}}{\partial x}\right) \tag{2.17}$$

$$\frac{\partial v}{\partial t}+u\frac{\partial v}{\partial x}+v\frac{\partial v}{\partial y}+w\frac{\partial v}{\partial z}=-\frac{1}{\rho}\frac{\partial p}{\partial x}+\frac{1}{\rho}\left(\frac{\partial \tau_{xy}}{\partial x}+\frac{\partial \tau_{yy}}{\partial y}+\frac{\partial \tau_{zy}}{\partial x}\right) \tag{2.18}$$

其中, $\tau_{xx}=2\mu\dfrac{\partial u}{\partial x}$ 和 $\tau_{yy}=2\mu\dfrac{\partial v}{\partial y}$ 为正应力中偏应力部分。

在静水压强假设条件下,式(2.14)可以改写为

$$\frac{\partial p}{\partial z}=-\rho g \tag{2.19}$$

由式(2.3)、式(2.17)、式(2.18)、式(2.19)构成静水压强假设下不可压缩流体的三维流动基本方程。

2.2.2 沿水深积分二维流动基本方程

将三维流动的基本方程沿水深积分,并沿水深取平均的方法,就获得平面二维数学模型的浅水控制方程。

1. 连续方程

将式(2.13)沿水深积分并取平均,即

$$\frac{1}{h}\int_{z_b}^{z_b+h}\frac{\partial u}{\partial x}\mathrm{d}z+\frac{1}{h}\int_{z_b}^{z_b+h}\frac{\partial v}{\partial y}\mathrm{d}z+\frac{1}{h}\int_{z_b}^{z_b+h}\frac{\partial w}{\partial z}\mathrm{d}z=0 \tag{2.20}$$

式中 z_b——水底高程;

h——水深。

$$\frac{1}{h}\int_{z_b}^{z_b+h}\frac{\partial u}{\partial x}\mathrm{d}z=\frac{\partial}{\partial x}\left(\frac{1}{h}\int_{z_b}^{z_b+h}u\,\mathrm{d}z\right)+\frac{1}{h^2}\int_{z_b}^{z_b+h}u\,\mathrm{d}z\,\frac{\partial h}{\partial x}-\frac{u_s}{h}\frac{\partial(z_b+h)}{\partial x}+\frac{u_b}{h}\frac{\partial z_b}{\partial x}$$

$$(2.21)$$

定义沿水深平均流速为

$$\overline{u}=\frac{1}{h}\int_{z_b}^{z_b+h}u\,\mathrm{d}z$$

$$\overline{v}=\frac{1}{h}\int_{z_b}^{z_b+h}v\,\mathrm{d}z$$

则

$$\frac{1}{h}\int_{z_b}^{z_b+h}\frac{\partial u}{\partial x}\mathrm{d}z=\frac{\partial\overline{u}}{\partial x}+\frac{\overline{u}}{h}\frac{\partial h}{\partial x}-\frac{u_s}{h}\frac{\partial(z_b+h)}{\partial x}+\frac{u_b}{h}\frac{\partial z_b}{\partial x} \qquad (2.22)$$

同理，则

$$\frac{1}{h}\int_{z_b}^{z_b+h}\frac{\partial v}{\partial y}\mathrm{d}z=\frac{\partial\overline{v}}{\partial y}+\frac{\overline{v}}{h}\frac{\partial h}{\partial y}-\frac{v_s}{h}\frac{\partial(z_b+h)}{\partial y}+\frac{v_b}{h}\frac{\partial z_b}{\partial y} \qquad (2.23)$$

$$\frac{1}{h}\int_{z_b}^{z_b+h}\frac{\partial w}{\partial z}\mathrm{d}z=\frac{1}{h}(w_s-w_b)=\frac{1}{h}\left[\frac{D(z_b+h)}{Dt}-q_s\right]-\frac{1}{h}\left(\frac{Dz_b}{Dt}-q_b\right) \qquad (2.24)$$

式中 q_s、q_b——自由水面和水底的源或汇。

自由水面的速度由两部分组成：一部分是由水面高程变化引起的速度 $\frac{D(z_b+h)}{Dt}$；另一部分是由水面源汇项引起的速度 q_s。水底面的速度也由两部分组成：一部分是由水底高程变化引起的速度 $\frac{Dz_b}{Dt}$；另一部分是由水底源汇项引起的速度 q_b。

根据全导数的定义 $\frac{D}{Dt}=\frac{\partial}{\partial t}+u\frac{\partial}{\partial x}+v\frac{\partial}{\partial y}$，可得

$$\frac{D(z_b+h)}{Dt}=\frac{\partial(z_b+h)}{\partial t}+u_s\frac{\partial(z_b+h)}{\partial x}+v_s\frac{\partial(z_b+h)}{\partial y}$$

$$\frac{Dz_b}{Dt}=\frac{\partial z_b}{\partial t}+u_b\frac{\partial z_b}{\partial x}+v_b\frac{\partial z_b}{\partial y}$$

则式（2.24）可得

$$\frac{1}{h}\int_{z_b}^{z_b+h}\frac{\partial w}{\partial z}\mathrm{d}z=\frac{1}{h}\frac{\partial(z_b+h)}{\partial t}+\frac{u_s}{h}\frac{\partial(z_b+h)}{\partial x}+\frac{v_s}{h}\frac{\partial(z_b+h)}{\partial y}-$$

$$\left(\frac{1}{h}\frac{\partial z_b}{\partial t}+\frac{u_b}{h}\frac{\partial z_b}{\partial x}+\frac{v_b}{h}\frac{\partial z_b}{\partial y}\right)-\frac{q_s-q_b}{h} \qquad (2.25)$$

将式（2.22）～式（2.25）代入式（2.20），并在方程两端同时乘以 h，整理得

$$\frac{\partial h}{\partial t}+\frac{\partial(h\overline{u})}{\partial x}+\frac{\partial(h\overline{v})}{\partial y}=q \qquad (2.26)$$

方程式（2.26）就是沿水深平均的连续性方程。式（2.26）中 $q = q_s - q_b$ 为水面和水底总的源汇项。

2. 运动方程

将式（2.5）两端沿水深积分并取平均，得

$$\frac{1}{h} \int_{z_b}^{z_b+h} \frac{\partial u}{\partial z} dz + \frac{1}{h} \int_{z_b}^{z_b+h} \frac{\partial(uu)}{\partial x} dz + \frac{1}{h} \int_{z_b}^{z_b+h} \frac{\partial(uv)}{\partial y} dz \frac{1}{h} \int_{z_b}^{z_b+h} \frac{\partial(uw)}{\partial z} dz$$

$$= -\frac{1}{\rho} \frac{1}{h} \int_{z_b}^{z_b+h} \frac{\partial p}{\partial z} dz + \frac{1}{\rho} \frac{1}{h} \int_{z_b}^{z_b+h} \left(\frac{\partial \tau_{xx}}{\partial x} + \frac{\partial \tau_{yx}}{\partial y} + \frac{\partial \tau_{zx}}{\partial z} \right) dz \qquad (2.27)$$

令 $u = \overline{u} + \Delta u$，$v = \overline{v} + \Delta v$，则

$$\overline{uv} = \frac{1}{h} \int_{z_b}^{z_b+h} (uv) dz = \frac{1}{h} \int_{z_b}^{z_b+h} (\overline{u} + \Delta u)(\overline{v} + \Delta v) dz$$

$$= \frac{1}{h} \int_{z_b}^{z_b+h} (\overline{u}\,\overline{v} + \overline{u}\Delta u + \overline{v}\Delta u + \Delta u \Delta v) dz$$

$$= \frac{1}{h} \int_{z_b}^{z_b+h} (\overline{u}\,\overline{v}) dz + \frac{1}{h} \int_{z_b}^{z_b+h} (\overline{u}\Delta u) dz + \frac{1}{h} \int_{z_b}^{z_b+h} (\overline{v}\Delta u) dz + \frac{1}{h} \int_{z_b}^{z_b+h} (\Delta u \Delta v) dz$$

显然，$\dfrac{1}{h} \int_{z_b}^{z_b+h} (\overline{u}\Delta v) dz = \dfrac{\overline{u}}{h} \int_{z_b}^{z_b+h} (\Delta v) dz = 0$，$\dfrac{1}{h} \int_{z_b}^{z_b+h} (\overline{v}\Delta u) dz = \dfrac{\overline{v}}{h} \int_{z_b}^{z_b+h} (\Delta u) dz = 0$

所以
$$\overline{uv} = \overline{u}\,\overline{v} + \overline{\Delta u \Delta v}$$

则

$$\frac{1}{h} \int_{z_b}^{z_b+h} \frac{\partial(uv)}{\partial y} dz = \frac{\partial(\overline{uv})}{\partial y} + \frac{(\overline{uv})}{h} \frac{\partial h}{\partial y} - \frac{(uv)_s}{h} \frac{\partial(z_b+h)}{\partial y} + \frac{(uv)_b}{h} \frac{\partial z_b}{\partial y}$$

$$= \frac{\partial \overline{u}\,\overline{v}}{\partial y} + \frac{(\overline{uv})}{h} \frac{\partial h}{\partial y} + \frac{\partial \overline{\Delta u \Delta v}}{\partial y} + \frac{\overline{\Delta u \Delta v}}{h} \frac{\partial h}{\partial y} - \frac{(uv)_s}{h} \frac{\partial(z_b+h)}{\partial y} + \frac{(uv)_b}{h} \frac{\partial z_b}{\partial y}$$

$$(2.28)$$

式（2.28）中第三、第四项相对其他项，可以忽略不计，所以有

$$\frac{1}{h} \int_{z_b}^{z_b+h} \frac{\partial(uv)}{\partial y} dz = \frac{\partial \overline{u}\,\overline{v}}{\partial y} + \frac{(\overline{uv})}{h} \frac{\partial h}{\partial y} - \frac{(uv)_s}{h} \frac{\partial(z_b+h)}{\partial y} + \frac{(uv)_b}{h} \frac{\partial z_b}{\partial y} \qquad (2.29)$$

同理有

$$\frac{1}{h} \int_{z_b}^{z_b+h} \frac{\partial(uu)}{\partial x} dz = \frac{\partial \overline{u}\,\overline{u}}{\partial x} + \frac{(\overline{uu})}{h} \frac{\partial h}{\partial x} - \frac{(uu)_s}{h} \frac{\partial(z_b+h)}{\partial x} + \frac{(uu)_b}{h} \frac{\partial z_b}{\partial x} \qquad (2.30)$$

则

$$\frac{1}{h} \int_{z_b}^{z_b+h} \frac{\partial(uw)}{\partial z} dz = \frac{1}{h} \left[(uw)_s - (uw)_b \right] = \frac{u_s}{h} w_s - \frac{u_b}{h} w_b$$

$$= u_s \left[\frac{1}{h} \frac{\partial(z_b+h)}{\partial t} + \frac{u_s}{h} \frac{\partial(z_b+h)}{\partial x} + \frac{v_s}{h} \frac{\partial(z_b+h)}{\partial y} \right] -$$

$$u_b\left(\frac{1}{h}\frac{\partial z_b}{\partial t}+\frac{u_b}{h}\frac{\partial z_b}{\partial x}+\frac{v_b}{h}\frac{\partial z_b}{\partial y}\right)$$

$$=\left[\frac{u_s}{h}\frac{\partial(z_b+h)}{\partial t}+\frac{(uu)_s}{h}\frac{\partial(z_b+h)}{\partial x}+\frac{(uv)_s}{h}\frac{\partial(z_b+h)}{\partial y}\right]-$$

$$\left[\frac{u_b}{h}\frac{\partial z_b}{\partial t}+\frac{(uu)_b}{h}\frac{\partial z_b}{\partial x}+\frac{(uv)_b}{h}\frac{\partial z_b}{\partial y}\right] \tag{2.31}$$

对式（2.19）进行积分，可得到 $p(x,y,z,t)=\rho g(z_b+h-z)$，并考虑到自由水面压强 $p_s=0$，底部压强 $p_b=\rho g h$，则

$$-\frac{1}{\rho}\frac{1}{h}\int_{z_b}^{z_b+h}\frac{\partial p}{\partial z}\mathrm{d}z=-\frac{1}{\rho h}\frac{\partial}{\partial x}\int_{z_b}^{z_b+h}p\,\mathrm{d}z+\frac{p_s}{\rho h}\frac{\partial(z_b+h)}{\partial x}-\frac{p_b}{\rho h}\frac{\partial z_b}{\partial x}$$

$$=-\frac{1}{\rho h}\frac{\partial}{\partial x}\int_{z_b}^{z_b+h}\rho g(z_b+h)\mathrm{d}z-\frac{\rho g h}{\rho h}\frac{\partial z_b}{\partial x}$$

$$=-g\frac{\partial(z_b+h)}{\partial x} \tag{2.32}$$

可得

$$\frac{1}{h}\int_{z_b}^{z_b+h}\frac{\partial u}{\partial t}\mathrm{d}z=\frac{\partial\overline{u}}{\partial t}+\frac{\overline{u}}{h}\frac{\partial h}{\partial t}-\frac{u_s}{h}\frac{\partial(z_b+h)}{\partial t}+\frac{u_b}{h}\frac{\partial z_b}{\partial t} \tag{2.33}$$

$$\frac{1}{\rho}\frac{1}{h}\int_{z_b}^{z_b+h}\frac{\partial\tau_{xx}}{\partial x}\mathrm{d}z=\frac{1}{\rho}\frac{\partial\overline{\tau_{xx}}}{\partial x}+\frac{\overline{\tau_{xx}}}{vh}\frac{\partial h}{\partial x}-\frac{\tau_{xxs}}{\rho h}\frac{\partial(z_b+h)}{\partial x}+\frac{\tau_{xxb}}{\rho h}\frac{\partial z_b}{\partial x} \tag{2.34}$$

$$\frac{1}{\rho}\frac{1}{h}\int_{z_b}^{z_b+h}\frac{\partial\tau_{yx}}{\partial y}\mathrm{d}z=\frac{1}{\rho}\frac{\partial\overline{\tau_{yx}}}{\partial y}+\frac{\overline{\tau_{yx}}}{vh}\frac{\partial h}{\partial y}-\frac{\tau_{yxs}}{\rho h}\frac{\partial(z_b+h)}{\partial y}+\frac{\tau_{yxb}}{\rho h}\frac{\partial z_b}{\partial y} \tag{2.35}$$

其中，$\overline{\tau_{xx}}=\dfrac{1}{h}\displaystyle\int_{z_b}^{z_b+h}\tau_{xx}\mathrm{d}z$，$\overline{\tau_{yx}}=\dfrac{1}{h}\displaystyle\int_{z_b}^{z_b+h}\tau_{yx}\mathrm{d}z$。

又有

$$\frac{1}{\rho}\frac{1}{h}\int_{z_b}^{z_b+h}\frac{\partial\tau_{zx}}{\partial z}\mathrm{d}z=\frac{1}{\rho h}(\tau_{zxs}-\tau_{zxb}) \tag{2.36}$$

将式（2.29）～式（2.36）代入式（2.15）中，并且在方程的两端同时乘以 h，整理得

$$\frac{\partial(h\overline{u})}{\partial t}+\frac{\partial(h\overline{uu})}{\partial x}+\frac{\partial(h\overline{uv})}{\partial y}=-gh\frac{\partial(z_b+h)}{\partial x}+\frac{1}{\rho}\left[\frac{\partial(h\overline{\tau_{xx}})}{\partial x}+\frac{\partial(h\overline{\tau_{yx}})}{\partial y}+\tau_{zxs}-\tau_{zxb}\right]-$$

$$\frac{1}{\rho}\left[\tau_{xxs}\frac{\partial(z_b+h)}{\partial x}-\tau_{xxb}\frac{\partial z_b}{\partial x}\right]-\frac{1}{\rho}\left[\tau_{yxs}\frac{\partial(z_b+h)}{\partial y}-\tau_{yxb}\frac{\partial z_b}{\partial y}\right] \tag{2.37}$$

式中左端最后两项与其他项相比，通常可以忽略不计。通常，记 $z=z_b+h$ 为水位，则

$$\frac{\partial(h\overline{u})}{\partial t}+\frac{\partial(h\overline{uu})}{\partial x}+\frac{\partial(h\overline{uv})}{\partial y}$$

$$=-gh\frac{\partial z}{\partial x}+\frac{1}{\rho}\left[\frac{\partial(h\overline{\tau_{xx}})}{\partial x}+\frac{\partial(h\overline{\tau_{yx}})}{\partial y}\right]+\frac{1}{\rho}(\tau_{zxs}-\tau_{zxb}) \tag{2.38}$$

式（2.24）就是 x 方向沿水深平均的动量方程。同理可得 y 方向沿水深平均的动量方程

$$\frac{\partial(h\overline{v})}{\partial t}+\frac{\partial(h\overline{uv})}{\partial x}+\frac{\partial(h\overline{vv})}{\partial y}$$

$$=-gh\frac{\partial z}{\partial y}+\frac{1}{\rho}\left[\frac{\partial(h\overline{\tau_{xy}})}{\partial x}+\frac{\partial(h\overline{\tau_{yy}})}{\partial y}\right]+\frac{1}{\rho}(\tau_{zys}-\tau_{zyb}) \tag{2.39}$$

式中　τ_{zys}、τ_{zyb}——水底摩阻在 x 和 y 方向的分量。

式（2.37）、式（2.38）右端的第二项为黏性项，可以由本方程确定。当水流动速度较小，黏性项可以忽略不计。

根据谢才假设，则

$$\tau_{zxb}=\rho g\,\frac{u\,\sqrt{u^2+v^2}}{C^2}$$

$$\tau_{zys}=\rho g\,\frac{v\,\sqrt{u^2+v^2}}{C^2}$$

式中　C——谢才系数，$C=\dfrac{h^{\frac{1}{6}}}{n}$；

　　　　n——糙率；

τ_{zxs}、τ_{zys}——水面风应力，一般由经验公式计算所得。

对于地表流动，水深较浅，可以不考虑风应力的影响。

通常将 $\overline{u}$、$\overline{v}$ 直接写成 u、v。因此，二维非恒定流的基本控制方程为

连续方程为

$$\frac{\partial h}{\partial t}+\frac{\partial(hu)}{\partial x}+\frac{\partial(hv)}{\partial y}=q \tag{2.40}$$

运动方程为

$$\frac{\partial(hu)}{\partial t}+\frac{\partial(huu)}{\partial x}+\frac{\partial(huv)}{\partial y}=-gh\frac{\partial z}{\partial x}-g\,\frac{n^2u\,\sqrt{u^2+v^2}}{h^{\frac{1}{3}}} \tag{2.41}$$

$$\frac{\partial(hv)}{\partial t}+\frac{\partial(huv)}{\partial x}+\frac{\partial(hvv)}{\partial y}=-gh\frac{\partial z}{\partial y}-g\,\frac{n^2v\,\sqrt{u^2+v^2}}{h^{\frac{1}{3}}} \tag{2.42}$$

2.2.3　沿断面平均一维流动基本方程

取沿水流的纵向为 x 轴，沿水流的横向为 y 轴，将沿水深平均的式（2.40）、

（2.41）分别沿 y 向积分按过流断面宽度求平均，即得沿断面平均的一维流动方程。

1. 连续方程

将式（2.26）沿 y 向积分并沿过流断面宽度 B 取平均值，即

$$\frac{1}{B}\int_{y_L}^{y_R}\frac{\partial h}{\partial t}\mathrm{d}y+\frac{1}{B}\int_{y_L}^{y_R}\frac{\partial (h\overline{u})}{\partial x}\mathrm{d}y+\frac{1}{B}\int_{y_L}^{y_R}\frac{\partial (h\overline{v})}{\partial y}\mathrm{d}y=\frac{1}{B}\int_{y_L}^{y_R}q\mathrm{d}y \tag{2.43}$$

式中　y_L、y_R——过流断面左右两侧的 y 坐标。

同式（2.22），有

$$\frac{1}{B}\int_{y_L}^{y_R}\frac{\partial h}{\partial t}\mathrm{d}y=\frac{\partial \overline{h}}{\partial t}+\frac{\overline{h}}{B}\frac{\partial B}{\partial t}-\frac{h_{yR}}{B}\frac{\partial y_R}{\partial t}+\frac{h_{yL}}{B}\frac{\partial y_L}{\partial t} \tag{2.44}$$

式中　$\overline{h}$——断面平均水深。

则

$$\frac{1}{B}\int_{y_L}^{y_R}\frac{\partial (h\overline{u})}{\partial x}\mathrm{d}y=\frac{\partial \overline{h}\overline{\overline{u}}}{\partial x}+\frac{\overline{h}\overline{\overline{u}}}{B}\frac{\partial B}{\partial x}-\frac{(h\overline{u})_{yL}}{B}\frac{\partial y_R}{\partial x}+\frac{(h\overline{u})_{yL}}{B}\frac{\partial y_L}{\partial x} \tag{2.45}$$

式中　$\overline{\overline{u}}$——断面平均速度。

又则

$$\frac{1}{B}\int_{y_L}^{y_R}\frac{\partial (h\overline{u})}{\partial x}\mathrm{d}y=\frac{1}{B}\left[(h\overline{v})_{y_R}-(h\overline{v})_{y_L}\right]=\frac{1}{B}\left(h_{yR}\frac{Dy_R}{Dt}-h_{yL}\frac{Dy_L}{Dt}\right)$$

由于 y 是 x 和 t 的函数，因此，得

$$\frac{Dy_R}{Dt}=\frac{\partial y_R}{\partial t}+\overline{u}_{y_R}\frac{\partial y_R}{\partial x},\quad \frac{Dy_L}{Dt}=\frac{\partial y_L}{\partial t}+\overline{u}_{y_L}\frac{\partial y_L}{\partial x}$$

则

$$\int_{y_L}^{y_R}\frac{\partial (h\overline{v})}{\partial y}\mathrm{d}y=\frac{1}{B}\left[h_{yR}\left(\frac{\partial y_R}{\partial t}+\overline{u}_{yR}\frac{\partial y_R}{\partial x}\right)-h_{yL}\left(\frac{\partial y_L}{\partial t}+\overline{u}_{yL}\frac{\partial y_L}{\partial x}\right)\right] \tag{2.46}$$

整理得

$$\frac{\partial (\overline{h}B)}{\partial t}+\frac{\partial (\overline{h}B\overline{\overline{u}})}{\partial x}=B\overline{q} \tag{2.47}$$

式中　$\overline{q}$——断面平均源汇项。

取 $A=\overline{h}B$ 为过水断面面积；$Q=\overline{h}B\overline{\overline{u}}$ 为流量；$q'=B\overline{q}$ 为单位长度上总的源汇，则沿断面平均的一维流动的连续方程为

$$\frac{\partial A}{\partial t}+\frac{\partial Q}{\partial x}=\overline{q} \tag{2.48}$$

2. 动量方程

将方程式（2.38）沿 y 向积分并沿过流断面宽度 B 取平均，得

$$\frac{1}{B}\int_{y_L}^{y_R}\frac{\partial(h\overline{u})}{\partial t}\mathrm{d}y + \frac{1}{B}\int_{y_L}^{y_R}\frac{\partial(h\overline{uu})}{\partial x}\mathrm{d}y + \frac{1}{B}\int_{y_L}^{y_R}\frac{\partial(h\overline{uv})}{\partial y}\mathrm{d}y$$

$$=-g\,\frac{1}{B}\int_{y_L}^{y_R}h\,\frac{\partial z}{\partial x}\mathrm{d}y + \frac{1}{\rho B}\int_{y_L}^{y_R}\left[\frac{\partial(h\overline{\tau_{xx}})}{\partial x}+\frac{\partial(h\overline{\tau_{yx}})}{\partial y}\right]\mathrm{d}y + \frac{1}{\rho B}\int_{y_L}^{y_R}(\tau_{zxs}-\tau_{zxb})\mathrm{d}y$$

$$(2.49)$$

则

$$\frac{1}{B}\int_{y_L}^{y_R}\frac{\partial(h\overline{u})}{\partial t}\mathrm{d}y = \frac{\partial(\overline{h\overline{u}})}{\partial t}+\frac{\overline{h\overline{u}}}{B}\frac{\partial B}{\partial t}-\frac{(h\overline{u})_{yR}}{B}\frac{\partial y_R}{\partial t}+\frac{(h\overline{u})_{yL}}{B}\frac{\partial y_L}{\partial t} \quad (2.50)$$

$$\frac{1}{B}\int_{y_L}^{y_R}\frac{\partial(h\overline{u}\overline{u})}{\partial x}\mathrm{d}y = \frac{\partial(\overline{h\overline{u}\overline{u}})}{\partial x}+\frac{\overline{h\overline{u}\overline{u}}}{B}\frac{\partial B}{\partial x}-\frac{(h\overline{u}\overline{u})_{yR}}{B}\frac{\partial y_R}{\partial x}+\frac{(h\overline{u}\overline{u})_{yL}}{B}\frac{\partial y_L}{\partial x} \quad (2.51)$$

$$\frac{1}{B}\int_{y_L}^{y_R}\frac{\partial(h\overline{u}\overline{v})}{\partial y}\mathrm{d}y = \frac{1}{B}\big[(h\overline{u}\overline{v})_{yR}-(h\overline{u}\overline{v})_{yL}\big]=\frac{1}{B}\left[(h\overline{u})_{yR}\frac{Dy_R}{Dt}-(h\overline{u})_{yL}\frac{Dy_L}{Dt}\right]$$

$$=\frac{1}{B}\left[(h\overline{u})_{yR}\left(\frac{\partial y_R}{\partial t}+\overline{u}_{yR}\frac{\partial y_R}{\partial x}\right)-(h\overline{u})_{yL}\left(\frac{\partial y_L}{\partial t}+\overline{u}_{yL}\frac{\partial y_L}{\partial x}\right)\right]$$

$$=\frac{(h\overline{u})_{yR}}{B}\frac{\partial y_R}{\partial t}-\frac{(h\overline{u})_{yL}}{B}\frac{\partial y_L}{\partial t}+\frac{(h\overline{u}\overline{u})_{yR}}{B}\frac{\partial y_R}{\partial x}-$$

$$\frac{(h\overline{u}\overline{u})_{yL}}{B}\frac{\partial y_L}{\partial x}-g\,\frac{1}{B}\int_{y_L}^{y_R}\frac{\partial z}{\partial x}\mathrm{d}y$$

$$=-g\,\frac{1}{B}\int_{y_L}^{y_R}\left[\frac{\partial(zh)}{\partial x}-z\,\frac{\partial h}{\partial x}\right]\mathrm{d}y$$

$$=-g\,\frac{1}{B}\int_{y_L}^{y_R}\frac{\partial(zh)}{\partial x}\mathrm{d}y+g\,\frac{1}{B}\int_{y_L}^{y_R}z\,\frac{\partial h}{\partial x}\mathrm{d}y \quad (2.52)$$

根据假设一维流动，z 只是 x，t 的函数，与 y 无关，即

$$-g\,\frac{1}{B}\int_{y_L}^{y_R}\frac{\partial z}{\partial x}\mathrm{d}y = -g\left[\frac{\partial(z\overline{h})}{\partial x}+\frac{z\overline{h}}{B}\frac{\partial B}{\partial x}-\frac{(zh)_{yR}}{B}\frac{\partial y_R}{\partial x}+\frac{(zh)_{yL}}{B}\frac{\partial y_L}{\partial x}\right]+$$

$$gz\left(\frac{\partial\overline{h}}{\partial x}+\frac{\overline{h}}{B}\frac{\partial B}{\partial x}-\frac{h_{yR}}{B}\frac{\partial y_R}{\partial x}+\frac{h_{yL}}{B}\frac{\partial y_L}{\partial x}\right)$$

$$=-g\overline{h}\,\frac{\partial z}{\partial x} \quad (2.53)$$

$$\frac{1}{\rho B}\int_{y_L}^{y_R}\left[\frac{\partial(h\overline{\tau_{xx}})}{\partial x}+\frac{\partial(h\overline{\tau_{yx}})}{\partial y}\right]\mathrm{d}y = \frac{1}{\rho}\frac{\partial(\overline{h\overline{\tau_{xx}}})}{\partial x}+\frac{1}{\rho}\frac{\overline{h\overline{\tau_{xx}}}}{B}\frac{\partial B}{\partial x}-$$

$$\frac{1}{\rho}\left[\frac{(\overline{h\overline{\tau_{xx}}})_{yR}}{B}\frac{\partial y_R}{\partial x}+\frac{(\overline{h\overline{\tau_{xx}}})_{yL}}{B}\frac{\partial y_L}{\partial x}\right]+$$

$$\frac{1}{\rho}\big[(h\overline{\tau_{yx}})_{yR}-h\,(\overline{\tau_{yx}})_{yL}\big] \quad (2.54)$$

在实际计算中，式（2.38）右端最后两项通常可以忽略不计。

$$\frac{1}{\rho B}\int_{y_L}^{y_R}(\tau_{zxs}-\tau_{zxb})\mathrm{d}y=\frac{1}{\rho}(\overline{\tau_{zxs}}-\overline{\tau_{zxb}}) \tag{2.55}$$

将式（2.34）～式（2.39）代入式（2.33），并同时乘以 B，整理得

$$\frac{\partial(\bar{h}B\bar{\bar{u}})}{\partial t}+\frac{\partial(\bar{h}B\bar{\bar{u}}\bar{\bar{u}})}{\partial x}+gB\bar{h}\frac{\partial z}{\partial x}=\frac{1}{\rho}\frac{\partial(\bar{h}B\overline{\overline{\tau_{xx}}})}{\partial x}+\frac{B}{\rho}(\overline{\tau_{zxs}}-\overline{\tau_{zxb}}) \tag{2.56}$$

以 $A=\bar{h}B$，$Q=\bar{h}B\bar{\bar{u}}$ 代入式（2.40），并且忽略右端第一项，则

$$\frac{\partial Q}{\partial t}+\frac{\partial}{\partial x}\left(\frac{Q^2}{A}\right)+gA\frac{\partial z}{\partial x}=\frac{B}{\rho}(\overline{\tau_{zxs}}-\overline{\tau_{zxb}}) \tag{2.57}$$

式中　$\overline{\tau_{zxs}}$——表面风应力，对于地表流动可以不考虑风应力的影响；

　　　$\overline{\tau_{zxb}}$——水底摩阻应力。

通常情况 τ_{zxb} 先由谢才公式计算 S_f，再根据摩阻切应力定义求出，即

$$\overline{\tau_{zxb}}=\rho v_*^2=\rho gRS_f \tag{2.58}$$

式中　R——水力半径；

　　　v_*——摩阻流速。

考虑到 $A=BR$，得

$$\frac{\partial Q}{\partial t}+\frac{\partial}{\partial x}\left(\frac{Q^2}{A}\right)+gA\frac{\partial z}{\partial x}=gAS_f \tag{2.59}$$

根据假设一维流动沿 y 向没有流动，故 y 方向的动量方程可以忽略不计，因此一维非恒定流的方程如下：

连续方程为

$$\frac{\partial A}{\partial t}+\frac{\partial Q}{\partial x}=\bar{q}$$

动量方程为

$$\frac{\partial Q}{\partial t}+\frac{\partial}{\partial x}\left(\frac{Q^2}{A}\right)+gA\frac{\partial z}{\partial x}=gAS_f$$

2.3 浅水控制方程应用

2.3.1 一维浅水流动方程应用

2.3.1.1 基于一维浅水流动方程数值模拟研究进展

1. 一维渐变浅水流动数值模拟

有限差分法具有概念直观，易于处理复杂地形，易于嵌套与耦合和保持框架守恒

性等特点，应用较为广泛。求解一维圣维南方程组，一般采用有限差分法。

自 20 世纪 50 年代首次应用计算机和差分法（FDM）模拟河道水流。70 年代中期，Yevjevich 等撰写的《明渠非恒定流》一书出版，标志了一维渐变浅水明渠流数值模拟的初步成熟。书中有限差分法是将偏微分方程离散成代数方程进而求得离散节点上的近似解的方法，在理论上可以获得较为可靠的推导和证明。差分法又分为显格式、隐格式两种。显格式具有计算简单、程序编制方便、计算速度快的特点，多用于断面规则的渠道，但该格式用于天然河道则很难取得理想的近似解。如 Lax - Wen-droff 显格式被 Mac Cormack 格式所代替（二者均属二阶中心格式，为计算方便而修改前者成为后一格式），蛙跳及扩散格式等应用极少。Preissmann 于 1961 年提出 Preiss-mann 四点隐格式，其基本思想为在空间导数取平均加权数的基础上对时间导数项也取加权平均，适当地选取权因子，可以达到较高地计算精度，也可以避免数值扰动现象，而又能保证计算稳定。该格式在处理一维非恒定流传播时精度很高，并且计算过程中只涉及四个网格点，使得内外边界的处理十分方便，特征格式亦不断有所完善，则避免了对矩阵直接求解，而通过线性变换关系把矩阵的迭代计算过程与水力要素中间处理结合起来，形成一个"追"和"赶"的过程，使得计算过程中可以对水力要素的变化进行控制。如处理河道有侧流加入时该算法的优越性就得到了体现。如图 2.2 所示，计算中在每一个节点上同时求出流量和水位，利用加权因子、因变量及其导函数的差分形式为

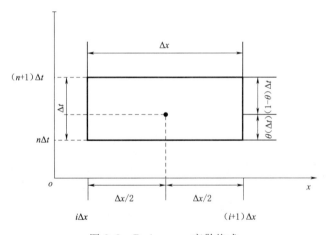

图 2.2　Preissmann 离散格式

$$
\left.
\begin{array}{l}
f(x,t) = \dfrac{\theta}{2}(f_{j+1}^{n+1} + f_j^{n+1}) + \dfrac{1-\theta}{2}(f_{j+1}^n + f_j^n) \\[2mm]
\dfrac{\partial f}{\partial x} \approx \theta\dfrac{f_{j+1}^{n+1} - f_j^{n+1}}{\Delta x} + (1-\theta)\dfrac{f_{j+1}^n - f_j^n}{\Delta x} \\[2mm]
\dfrac{\partial f}{\partial t} \approx \dfrac{f_{j+1}^{n+1} - f_{j+1}^n + f_j^{n+1} - f_j^n}{2\Delta t}
\end{array}
\right\}
\tag{2.60}
$$

如果 $f^{n+1} = f^n + \Delta f$，则

$$
\left.
\begin{aligned}
f(x,t) &= \frac{\theta}{2}(\Delta f_{j+1} + \Delta f_j) + \frac{1}{2}(f_{j+1}^n + f_j^n) \\
\frac{\partial f}{\partial x} &\approx \theta \frac{\Delta f_{j+1} + \Delta f_j}{\Delta x} + \frac{f_{j+1}^n - f_j^n}{\Delta x} \\
\frac{\partial f}{\partial t} &\approx \frac{\Delta f_{j+1} + \Delta f_j}{2\Delta t}
\end{aligned}
\right\}
\tag{2.61}
$$

近年来，各国著名国际工程顾问公司所使用及投放国际应用软件市场的一维水流模拟软件，大多为二阶中心 FDM（包括箱格式）。这是由于泰勒级数以差商逼近导数，中心格式形式精度较高，且能符合缓流中某点的解同时受到来自上、下游的影响这一事实（但反映上、下游所受影响不对称、不准确）。尽管不是从解的特征构造出发，但中心格式（如显格式 Lax - Wendroff 和 Mac Cormack 格式及隐式 Preissmann 格式）对渐变缓流的模拟简单而又有效。当沿流程几何特征（河道断面、水底高程等）及流动要素（水位、流量）变化较大较快时（如突发洪水、溃坝洪水及间断流等），用相邻计算点的数值解来估计控制方程中的时空导数项，必然带来较大误差，甚至造成水量不平衡。此时 FDM 只适用于计算点附近的小邻域和短时间步长，不适用于两端断面差异较大的一维子河段等情况。

2. 一维急变和间断浅水流动数值模拟

长期以来一维浅水流算法不能用于模拟急变和间断流。为了评估水库溃坝后果，或利用简化的水坝瞬溃问题的解析解（如著名的 Ritter 解），或在算法中采取一些处理技巧（如仿照气流激波的模拟，在格式中引入人工黏性项），但此方法易出现数值解虚假振荡以至失稳，或使间断过分坦化，人工黏性也存在很大任意性。20 世纪 70 年代以来美国国家天气局一直使用 DAMBRK 程序包等，由于使用中心隐格式，只是采取了过水断面自动内插以减小步长的处理，模拟工作常遭失败。80 年代，我国将溃坝洪水计算列为水利科研重点课题。70 年代中期，计算气动力学对激波模拟取得了突破性进展。在对可压流欧拉方程组进行深入研究过程中，试图建立守恒逆风格式（因为以特征分析为基础故称为特征基逆风）计算间断（当然，此时不守恒误差不存在）。逆风格式含足够数值黏性以消除虚假振荡（中心格式黏性太小）。

（1）从代数特征分析出发的通量向量分裂（FVS）格式。

（2）使用黎曼解的格式，包括通量差分裂（FDS）格式，及按特征分解的 Osher 格式等。

（3）在无论使用中心或逆风格式时，对其中所含的反扩散项或黏性项加以限制，以达到既无虚假振荡又保持较高精度的目的，其中包括 70 年代初提出的通量校正输

运（FCT）格式，80 年代初提出的全变差消减（TVD）格式和 80 年代末的基本无振荡（ENO）等格式。

此外还有意大利 Moretti K 格式（传统特征法的发展）、法国的中心格式加上隐式校正等。部分知名专家认为一维格式改进潜力已经不大。受计算空气动力学进展的带动，大多数高性能格式已被移植到计算浅水动力学中。

高性能格式解决简单问题效果较好，能与已知解析解吻合，并能考虑部分实际因素，但在高性能格式的移植过程中遇到如下问题：

（1）气流欧拉方程组与浅水控制方程组不同，浅水流用静压假设代替气体热力状态方程。而气流欧拉方程不可或缺。对间断流，浅水流的能量损失及间断点跳跃条件由连续及运动方程便可确定，而气流则除这两个方程以外还要用到能量方程。因此，气流的间断条件不能移用于浅水流，某些利用此条件的公式和算法自然也不可移植，但另外一些基于气流连续的算法可以移植。这就要求通过理论研究加以甄别。

（2）气流中不存在类似于水流内部地形影响的因素（气流的固体边壁通常作为外部边界来处理，而变断面管中拟一维气流的固定断面沿程变化作为方程组非齐次项来处理）。因此，在模拟不规则断面或地形水流时，不可直接采用气流算法，需要对压力、底坡等项进行适当处理。该问题未在相关文献中出现。FVM 格式适用于复杂地形计算。此类新移植的高性能浅水算法属一阶算法（如 TVD - Mac Cormack 格式例外）。在提高精度和比较选择算法方面有待进一步开展研究（包括如何更准确地处理非齐次项）。模拟一维急变与间断流的高性能浅水算法具有通用性，在模拟渐变流时，既适用于急流，也适用于缓流，且可自动在两者之间过渡。因此，可根据同一种优良算法编制通用高性能浅水流模拟软件。这就要求算法应健全；避免出现人为因素产生的人工参数；考虑物理参数（如糙率）；便于率定调整等情况。

2.3.1.2　基于一维浅水流动方程数值模拟

连续方程为

$$\frac{\partial A}{\partial t}+\frac{\partial Q}{\partial x}=\overline{q}$$

动量方程为

$$\frac{\partial Q}{\partial t}+\frac{\partial}{\partial x}\left(\frac{Q^2}{A}\right)+gA\frac{\partial z}{\partial x}=gAS_f$$

一维浅水流动方程数值模拟的是水力要素沿河宽方向的平均值，基本上能满足实际工程的需要，它是至今使用最广泛的一种模型。此模型基于水动力学、泥沙运动力学和河床演变基本规律，根据质量守恒定律导出水流连续方程、水流运动方程、泥沙连续方程和河床演变方程。该模型引进一些假定后，沿断面积分三维方程便可得到一维水流运动方程和连续方程，辅之以泥沙连续方程，河床变形方程和挟沙力公式即可进行一维计算。一维浅水流动方程数值模拟模型一般采用差分法和特征线法进行数值计算。其基本思路是将河段划分成若干小河段，计算各断面的平均水力、泥沙因素、上断面和下断面之间的平均冲淤厚度的沿程变化及因时变化情况。一维浅水流动方程数值模拟计算的关键是糙率的确定，通常采用反求水面线的方法加以确定。一维浅水流动方程数值模拟模型经过 50 多年的发展和完善，已广泛用于解决实际工程泥沙问题。针对不同工程泥沙问题，还需建立补充关系式，从而建立不同模式的一维浅水流动方程数值模拟模型。该理论及实践均较为成熟，常应用于长河段、长时期河床变形问题研究。如修建水利枢纽后上游及下游的长距离冲淤变化，以及河口、海湾因潮流输沙而引起的河床变形等。一维浅水流动方程数值模拟以其经济灵活的优势见长，已取代物理模型实验，利用计算结果可为二维计算提供边界条件。但是挟沙水流和可动床之间的相互作用十分复杂，一维计算仍需进一步完善。在实际应用中，如想了解局部河段的河床变形情况、水工或河工建筑物附近的冲淤变化等，需建立二维、三维数值模拟模型。

2.3.2 二维浅水流动方程应用

2.3.2.1 二维浅水流动数值模拟研究进展

1967 年，美国 Leendertse 应用交替方向隐差分格式（Alternating Direction Implicit Method）模拟二维潮汐水流，并很快得到推广。这种方法是 Peaceman 和 Rachford 在 1955 年首次提出的，所以又称为 P-R 交替方向隐差分格式。该法是一种显式—隐式交替使用的有限差分格式，其特点是将时间步长 t 等分，在前半时间步长沿 x 方向以隐式求解水深及 u，沿 y 方向以显式求解 v；在后半时间步长沿 y 方向以隐式求解，v 沿 x 方向以显式求解 u。如此反复计算可解出每个时间步长各点 x、y 方向上的流速和水深。本书在求解二维洪水演进和风暴潮数值模拟控制方程时用到是有限差分方法的 ADI 法。

20 世纪 70 年代，人们将有限元法（FEM）应用于平面流动模拟。FEM 的最大优点是不规则无结构网格，较准确地逼近浅水水体周边地形和水下地形。FEM 在计算固体静力学较准确，但在应用于平面流动时却遇到了两大问题：

（1）为了使计算量不致太大，FEM 主要用于模拟恒定流（类似于模拟固体的静应力状态），否则每一计算时段都要求解一个庞大的方程组。

（2）基于加权残差极小化原理的 FEM，主要适于不可压流求解椭圆方程边值问题，对于可压流及浅水流问题，需要对 FEM 进行改造为逆风格式或处理间断解。

因此，FEM 在浅水流模拟中并未得到推广。

20 世纪 80 年代，计算空气动力学在模拟二维、三维浅水流动时发展了有限体积法（FVM），是对一维守恒型格式的多维推广。70 年代初，FVM 开始用于平面不可压流数值模拟，形成了矩形网格上的 SIMPLE 类隐式算法。此时，计算空气动力学却采用 FEM 网格，沿每个控制体各界面的法向，用高性能守恒逆风格式计算跨越界面的质量和动量通量，然后分别建立质量、动量及能量平衡，从而得到 FVM 方程组求解计算时段末控制体平均的数值解。当控制体与格子重合时（CC 方式），控制体平均值赋予格子形心。当控制体以格子顶点为中心构成时（CV 方式），控制体平均值赋予格子顶点。推导控制微分方程时对有限控制体的处理省略了对时空步长取无穷小极限的过程。当地形有显著不规则变化时，FDM 必须加密计算点否则无法应用；而 FVM 则可直接应用，只需每个控制体内地形近似线性变化。浅水在重力驱动下和地形制约下流动，故正确估计水体与床壁之间作用力的水平分量常是数值模拟成功与否的关键，也是水流动模拟之间的重大差别。在 FVM 的框架下，对逐个控制体进行动量平衡时，除静水压力外还同时正确考虑这一作用力（二维浅水流动情形要考虑毗邻陆地边界格子形心处流向不与边界平行所产生的正或负动水压力），问题便迎刃而解，既简单又准确，为推广 FVM 开拓了道路。依据基本力学原理，可考虑计算域内各种局部障碍和阻力（如边界转折、断面迅速扩缩等）所产生的能量损耗。此外，FVM 既适用于连续解，也适用于间断解，可以严格遵循物理守恒律。对二维浅水流动问题可使用 FEM 网格和斜底格子以准确拟合地形；采用一维守恒逆风差分格式（尤其是高性能特征逆风格式）来计算跨越控制体界面的通量，并通过有限控制体的水量动量平衡来建立离散的 FVM 方程组供求数值解使用。FVM 的误差主要来自对界面通量的估算，它严格遵循守恒律，不存在任何的水量动量不平衡的守恒误差，这不同于FDM 的误差主要来自用差商逼近偏导数而带来的截断误差，后者使 FDM 不适用于时空变率大的情况。因此，FVM 吸取了 FDM 与 FEM 的优点，并同时具有自己的独特优点，尤其对二维、三维浅水流动问题 FVM 可发挥巨大作用。

（1）计算空气动力学问题主要是模拟恒定气流，且常用隐格式，此时在无结构网格上求解大型稀疏线性方程组在算法及计算量方面会遇到较多困难；而浅水流问题更多是模拟非恒定流，如果使用显格式就不会遇到无结构网格带来的上述困难。

（2）计算空气动力学模拟常要求精度高，故网格很密（可达十万以至百万个格子），使无结构网格上的数据处理成为负担，而浅水模拟常要求精度不高，网格较稀不会给上述处理造成困难。

因此，用 FVM 模拟二维浅水流动的关键在于如何自动生成适用网格。FVM 形式的选择；通量估计；精度提高等问题都有待研究与完善。

当前二维浅水流数值模拟尚存在一个关键技术问题。回顾在当初使用 ADI 法时，虽然计算稳定性允许的时间步长较大，但轮流沿两个坐标轴方向隐式求解，不能恰当考虑该两个方向流动之间的相互作用。数值解存在流速向量向某坐标轴方向偏斜的"一维化"趋势。当流向与坐标轴夹角为 45°时误差最大。时间步长越大误差也越大，发挥不出隐格式的优点。无结构网格上的 FVM 在这点上有所改善，因格子各边方向杂乱，流向偏转误差可以在一定程度上相互抵消。如使用显格式，因时间步长小，此误差更不明显。但从理论上看，在沿控制体各边法向求解黎曼问题时，未考虑因变量的切向梯度的影响。特别是当解的间断线不和边的法向平行或垂直时，间断会由于格式黏性而被或多或少抹平。最近几年内，一些研究者正在把计算空气动力学中的多种"真正二维"数值格式移植到浅水模拟中来，成为值得注意的进展。

2.3.2.2　基于二维浅水流动方程数值模拟

1. 水流基本方程

（1）连续方程为

$$\frac{\partial h}{\partial t}+\frac{\partial (hu)}{\partial x}+\frac{\partial (hv)}{\partial y}=q$$

（2）运动方程为

$$\frac{\partial (hu)}{\partial t}+\frac{\partial (huu)}{\partial x}+\frac{\partial (huv)}{\partial y}=-gh\frac{\partial z}{\partial x}-g\frac{n^2 u\sqrt{u^2+v^2}}{h^{\frac{1}{3}}}$$

$$\frac{\partial (hv)}{\partial t}+\frac{\partial (huv)}{\partial x}+\frac{\partial (hvv)}{\partial y}=-gh\frac{\partial z}{\partial y}-g\frac{n^2 v\sqrt{u^2+v^2}}{h^{\frac{1}{3}}}$$

2. 二维水沙数学模型

由于泥沙问题本身的复杂性，使得泥沙数学模型的发展受到很大的约束。再者是泥沙数学模型的发展必须建立在水流数学模型的基础上，所以其发展必然滞后于水流数学模型的发展且受到水流模型发展的制约。二维水沙数学模型是从研究河口、海岸水流泥沙运动开始的，Hanson. W 最早进行了这一研究。随着计算机的发展，二维泥沙数学模型得到了迅猛发展，特别是在河口、海湾的潮流输沙计算方面取得了较多成果，在河道的浅滩挖槽的冲淤计算等方面也有较大进展。二维数值模型克服了一维数值模型不能计算河流细部变化的缺点而得到迅速发展，目前在工程中得到了较为广泛的应用，正逐步走向成熟，视工程的重要性，经常与物理模型并用，并能部分代替物理模型实验。

二维数值模型的计算相对比较复杂，一般都采用非耦合解的算法，即水流方程和泥沙方程分别单独求解，先求水力要素，再求河床变形，交替进行。此法适合于含沙量小，河床变形缓慢的河道。对于含沙量高、河床变化剧烈的游荡型河段，采用非耦合解往往得不到理想的结果，最好采用水流泥沙的耦合解，但计算将变得十分复杂，对于受潮流影响的河流或河口海岸地区，因水流泥沙随时间变化剧烈，一般应建立非恒定流模型模拟他们的运动不受潮流影响的内陆河流，如无人为因素对水流的干预，一般情况下各水力要素的变化相对比较缓慢，可以建立恒定流模型进行模拟计算，即可简化模型，节省计算费用，又能获得满意的计算结果。

悬移质泥沙扩散方程（泥沙连续方程）为

$$\frac{\partial (hs)}{\partial t}+\frac{\partial (Q_x s)}{\partial x}+\frac{\partial (Q_y s)}{\partial y}=-a\omega(S_*-S) \tag{2.62}$$

河床变形方程为

$$\gamma_s \frac{\partial z}{\partial t}=\beta_c a\omega(S-S_*) \tag{2.63}$$

式中　z——床面高程；

$\quad\gamma_s$——泥沙干容重，kg/m^3；

$\quad\omega$——颗粒沉速，m/s；

$\quad\alpha$——恢复饱和系数；

$\quad\beta_c$——冲刷判别系数；

S、S_*——垂线平均含沙量和水流挟沙力，kg/m^3。

3. 二维输运模型

将三维输运方程盐水深积分平均后，可得二维输运方程。

$$\begin{cases} \dfrac{\partial h\overline{\tau}}{\partial t}+\dfrac{\partial h\overline{u\tau}}{\partial x}+\dfrac{\partial h\overline{v\tau}}{\partial y}=\dfrac{\partial}{\partial x}(h\overline{T_{xx}^{\tau}})+\dfrac{\partial}{\partial y}(h\overline{T_{xy}^{\tau}})-hk_s\dfrac{\Delta\overline{\tau}}{\rho_0 c_p} \\[3mm] \dfrac{\partial h\overline{s}}{\partial t}+\dfrac{\partial h\overline{us}}{\partial x}+\dfrac{\partial h\overline{vs}}{\partial y}=\dfrac{\partial}{\partial x}(h\overline{T_{xx}^{s}})+\dfrac{\partial}{\partial y}(h\overline{T_{xy}^{s}}) \\[3mm] \dfrac{\partial h\overline{c}}{\partial t}+\dfrac{\partial h\overline{uc}}{\partial x}+\dfrac{\partial h\overline{vc}}{\partial y}=\dfrac{\partial}{\partial x}(h\overline{T_{xx}^{c}})+\dfrac{\partial}{\partial y}(h\overline{T_{xy}^{c}})-hk_p\overline{c} \end{cases} \tag{2.64}$$

2.3.3　三维浅水控制方程数值模拟应用

1. 水流基本方程

（1）连续方程为

$$\frac{\partial u}{\partial x}+\frac{\partial v}{\partial y}+\frac{\partial w}{\partial z}=0$$

（2）运动方程为

$$\begin{cases} \dfrac{\partial u}{\partial t} + u\dfrac{\partial u}{\partial x} + v\dfrac{\partial u}{\partial y} + w\dfrac{\partial u}{\partial z} = -\dfrac{1}{\rho}\dfrac{\partial p}{\partial x} + \dfrac{1}{\rho}\left(\dfrac{\partial \tau_{xx}}{\partial x} + \dfrac{\partial \tau_{yx}}{\partial y} + \dfrac{\partial \tau_{zx}}{\partial x}\right) \\[2mm] \dfrac{\partial v}{\partial t} + u\dfrac{\partial v}{\partial x} + v\dfrac{\partial v}{\partial y} + w\dfrac{\partial v}{\partial z} = -\dfrac{1}{\rho}\dfrac{\partial p}{\partial x} + \dfrac{1}{\rho}\left(\dfrac{\partial \tau_{xy}}{\partial x} + \dfrac{\partial \tau_{yy}}{\partial y} + \dfrac{\partial \tau_{zy}}{\partial x}\right) \\[2mm] \dfrac{\partial p}{\partial z} = -\rho g \end{cases} \quad (2.65)$$

2. 三维输运方程

温度、盐度和污染物的控制方程为

$$\begin{cases} \dfrac{\partial \tau}{\partial t} + u\dfrac{\partial \tau}{\partial x} + v\dfrac{\partial \tau}{\partial y} + w\dfrac{\partial \tau}{\partial z} = \dfrac{\partial T^{\tau}_{xx}}{\partial x} + \dfrac{\partial T^{\tau}_{xy}}{\partial y} + \dfrac{\partial}{\partial z}\left(\dfrac{\upsilon_v}{\sigma_\tau}\dfrac{\partial \tau}{\partial z}\right) - k_s\dfrac{\Delta\tau}{\rho_0 c_p} \\[2mm] \dfrac{\partial s}{\partial t} + u\dfrac{\partial s}{\partial x} + v\dfrac{\partial s}{\partial y} + w\dfrac{\partial s}{\partial z} = \dfrac{\partial T^{s}_{xx}}{\partial x} + \dfrac{\partial T^{s}_{xy}}{\partial y} + \dfrac{\partial}{\partial z}\left(\dfrac{\upsilon_v}{\sigma_\tau}\dfrac{\partial s}{\partial z}\right) \\[2mm] \dfrac{\partial c}{\partial t} + u\dfrac{\partial c}{\partial x} + v\dfrac{\partial c}{\partial y} + w\dfrac{\partial c}{\partial z} = \dfrac{\partial T^{c}_{xx}}{\partial x} + \dfrac{\partial T^{c}_{xy}}{\partial y} + \dfrac{\partial}{\partial z}\left(\dfrac{\upsilon_v}{\sigma_\tau}\dfrac{\partial c}{\partial z}\right) - k_p c \end{cases} \quad (2.66)$$

式中
- τ——位温（浅水时可以是现场温度）；
- s——盐度；
- c——污染物浓度；
- k_p——污染物的线性衰变系数；
- k_s——水面综合散热系数；
- $\Delta\tau$——水体的温升；
- c_p——水体比热容；
- υ_v——垂向紊动黏性系数；
- σ_τ——Prandtl 数；

T^{τ}_{xx}、T^{τ}_{xy}、T^{c}_{xx}、T^{c}_{xy}、T^{s}_{xx}、T^{s}_{xy}——输运方程的水平切应力张量。

第 3 章

一维、二维洪水演进水动力学模型的建立

模拟河道、河网的一维数学模型和解决复杂河道与宽广水域问题的二维数学模型已很成熟。但如涉及比较复杂的一维河道与二维海区或湖泊相互影响、作用的问题，则要根据实际情况考虑建立一维、二维耦合的数学模型。

一般情况下对于水深较之平面尺度相比较小的宽广水域，例如蓄滞洪区、天然河流、河口和近海海域水流等均可采用浅水控制方程来描述，通过对浅水控制方程的数值求解可对不同情况下的水流现象诸如潮汐、溃坝、涌浪等人们关心的问题在数值上有一定的把握，因而浅水控制方程的数值求解不断受到重视。张修忠等在 2003 年对浅水控制方程的数值计算方法进行研究，建立了浅水控制方程的水位修正法；艾丛芳等在 2007 年采用 HLL 格式在三角形网格下采用有限体积离散方程，建立了求解二维浅水控制方程的数值模型；吴红侠于 2012 年应用新的有限体积黎曼求解法则对二维浅水控制方程进行处理，使其数值模拟结果更为精确。本章以二维浅水控制方程为理论基础，将方程进行了有限体积离散，通过确定模型边界条件及网格的剖分方式等，建立了滞洪区洪水演进模型。

一维、二维联合洪水演进数值模型可反映蓄、滞洪区内分洪洪水沿河槽纵向泄流和河槽内、外的横向水流交换过程。范子武等建立的一维、二维洪水演进数值模型可以模拟洪水沿河槽纵向的泄流以及河槽内、外的横向水流交换过程，但是模型将河槽内外横向水量交换作为一维计算分布的源项，没有在运动方程中考虑交换水量，将对模拟精度产生一定影响。范玉、李大鸣等先后应用一维、二维衔接数学模型在天津市大清河滞洪区进行模拟计算，结果吻合较好，此模型把网格划分为地面型二维网格和河道型一维、二维网格两大块来处理；李大鸣、林毅等以滞洪区一维、二维洪水演进模型为核心，运用 GIS 技术，通过 VB 与 Fortran 混合编程建立了一维、二维洪水演进数值仿真系统，实现空间和属性信息查询、分析、洪水演进过程数值模拟计算结果可视化、洪灾经济损失系统评估等应用。杨芳丽、谢作涛等在一维河网嵌套二维洪水演进数学模型的研究上取得了一定进展。

3.1 一维河道数学模型

3.1.1 计算一维河道方程的选择

从质量守恒定律推导连续性方程，其物理意义是流体在单位时间流经单位体积空间时，流出和流入的质量差与其内部质量变化的代数和为零。连续性方程只限定流体运动必须遵循的一个运动学条件，因此，还应从动力学角度提出流动必须满足的动力学条件，即运动方程，由此组成求解流动的基本方程组。

面积—流速表示的一维控制方程如下：

连续方程为

$$\frac{\partial A}{\partial t}+\frac{\partial Q}{\partial x}=q \tag{3.1}$$

运动方程为

$$\frac{\partial u}{\partial t}+\frac{\partial \left(gZ+\frac{1}{2}u^{2}\right)}{\partial x}=-g\,\frac{u\,|\,u\,|}{C^{2}R} \tag{3.2}$$

式中　q——源汇项；

　　　Q——截面流量；

　　　A——计算断面的过水面积；

　　　Z——水位；

　　　C——谢才系数；

　　　R——水力半径。

为了便于进行计算机编程，将式（3.1）、式（3.2）改写为水位—流量表示的形式。

将 $\dfrac{\partial A}{\partial t}=B\,\dfrac{\partial Z}{\partial t}$ 代入式（3.1），得到连续方程为

$$\frac{\partial Z}{\partial t}+\frac{1}{B}\frac{\partial Q}{\partial x}=\frac{q}{B} \tag{3.3}$$

由 $u=\dfrac{Q}{A}$，$C=\dfrac{R^{\frac{1}{6}}}{n}=\dfrac{1}{n}\left(\dfrac{A}{B}\right)^{\frac{1}{6}}$，$R\approx\dfrac{A}{B}$ 得

$$\frac{\partial u}{\partial t}=\frac{\partial}{\partial t}\left(\frac{Q}{A}\right)=\frac{\partial Q}{A\,\partial t}-\frac{Q}{A^{2}}\frac{\partial A}{\partial t}=\frac{\partial Q}{A\,\partial t}+\frac{Q}{A^{2}}\frac{\partial Q}{\partial x}-\frac{Qq}{A^{2}}$$

$$\frac{\partial\left(gZ+\frac{1}{2}u^{2}\right)}{\partial x}=g\,\frac{\partial Z}{\partial x}+u\,\frac{\partial u}{\partial x}=g\,\frac{\partial Z}{\partial x}+\frac{Q}{A}\,\frac{\partial}{\partial x}\left(\frac{Q}{A}\right)$$

又 $\Delta A=B\Delta Z$，则

$$\frac{\partial}{\partial x}\left(\frac{Q}{A}\right)=\frac{1}{A}\frac{\partial Q}{\partial x}-\frac{Q}{A^{2}}\left(\frac{\partial A}{\partial x}+\frac{\partial A}{\partial Z}\frac{\partial Z}{\partial x}\right)=\frac{1}{A}\frac{\partial Q}{\partial x}-\frac{Q}{A^{2}}\left(\frac{\partial A}{\partial x}+B\,\frac{\partial Z}{\partial x}\right)$$

$$\frac{u\,|\,u\,|}{C^{2}R}=\frac{n^{2}Q\,|\,Q\,|\,B}{A^{2}\left(\dfrac{A}{B}\right)^{\frac{1}{3}}A}$$

将上述结果代入式（3.2），公式两边分别乘以面积 A 得

$$\frac{\partial Q}{\partial t}+\frac{Q}{A}\frac{\partial Q}{\partial x}-\frac{Qq}{A}+gA\frac{\partial Z}{\partial x}+\frac{Q}{A}\frac{\partial Q}{\partial x}-\left(\frac{Q}{A}\right)^2\left(\frac{\partial A}{\partial x}+B\frac{\partial Z}{\partial x}\right)=-g\frac{n^2Q|Q|}{A\left(\frac{A}{B}\right)^{\frac{4}{3}}} \tag{3.4}$$

$$\frac{\partial Q}{\partial t}+\left(gA-\frac{BQ^2}{A^2}\right)\frac{\partial Z}{\partial x}+2\frac{Q}{A}\frac{\partial Q}{\partial x}=\left.\frac{Q^2}{A^2}\frac{\partial A}{\partial x}\right|_z-g\frac{|Q|Q}{AC^2R}+uq \tag{3.5}$$

即为用水位—流量表示的一维控制方程组。

3.1.2 一维控制方程的离散

采用三点隐式差分方法对一维控制方程进行离散，水位 Z 与流量 Q 的空间布置方式如图 3.1 所示。

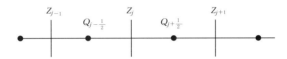

图 3.1 Z 与 Q 的空间布置方式

离散后的方程为

$$-C_{1j-\frac{1}{2}}Q_{j-\frac{1}{2}}^{n+1}+A_{1j}Z_j^{n+1}+C_{1j+\frac{1}{2}}Q_{j+\frac{1}{2}}^{n+1}=E_1 \tag{3.6}$$

$$-A_{2j}Z_j^{n+1}+C_{2j+\frac{1}{2}}Q_{j+\frac{1}{2}}^{n+1}+A_{2j+1}Z_{j+1}^{n+1}=E_{2j+\frac{1}{2}} \tag{3.7}$$

其中
$$A_{1j}=1$$

$$C_{1j-\frac{1}{2}}=C_{1j+\frac{1}{2}}=\frac{\theta}{B_j}\frac{\Delta t}{\Delta x}$$

$$A_{2j}=A_{2j+1}=\theta\frac{\Delta t}{\Delta x}\left(gA-\frac{BQ^2}{A^2}\right)_{j+\frac{1}{2}}^n$$

$$C_{2j+\frac{1}{2}}=1+\frac{2Q\theta}{A}\frac{\Delta t}{\Delta x}$$

$$E_{1j}=Z_j^n+(1-\theta)\frac{\Delta t}{\Delta x_j}\frac{1}{B_{j+\frac{1}{2}}^{n+\theta}}(Q_j^n-Q_{j+1}^n)+\frac{Q_b}{B_{j+\frac{1}{2}}}\frac{\Delta t}{\Delta x}$$

$$E_{2j}=-(1-\theta)\frac{\Delta t}{\Delta x}\left(gA-\frac{BQ^2}{A^2}\right)_{j+\frac{1}{2}}^n(Z_{j+1}^n-Z_j^n)-2(1-\theta)\frac{\Delta t}{\Delta x_j}\frac{Q_{j+\frac{1}{2}}^{n+\theta}}{A_{j+\frac{1}{2}}^{n+\theta}}(Q_{j+1}^n-Q_j^n)+$$

$$\left.\frac{\Delta t}{\Delta x_j}\left(\frac{Q_{j+\frac{1}{2}}^{n+\theta}}{A_{j+\frac{1}{2}}^{n+\theta}}\right)^2(A_{j+1}-A_j)\right|_{z_{j+\frac{1}{2}}^{n+\theta}}-\Delta t\frac{gn^2Q_{j+\frac{1}{2}}^{n+\theta}|Q_{j+\frac{1}{2}}^{n+\theta}|}{(A_{j+\frac{1}{2}}^{n+\theta})\left(\frac{A_{j+\frac{1}{2}}^{n+\theta}}{B_{j+\frac{1}{2}}^{n+\theta}}\right)^{\frac{4}{3}}}+Q_b\frac{\Delta t}{\Delta x}\left(\frac{Q}{A}\right)_{j+\frac{1}{2}}^n$$

3.2 二维滞洪区数学模型

3.2.1 二维浅水非恒定流基本方程

连续方程为

$$\frac{\partial H}{\partial t} + \frac{\partial M}{\partial x} + \frac{\partial N}{\partial y} = q \tag{3.8}$$

动量方程为

$$\frac{\partial M}{\partial t} + \frac{\partial (uM)}{\partial x} + \frac{\partial (vM)}{\partial y} + gH \frac{\partial Z}{\partial x} + g \frac{n^2 u \sqrt{u^2 + v^2}}{H^{\frac{1}{3}}} = 0 \tag{3.9}$$

$$\frac{\partial N}{\partial t} + \frac{\partial (uN)}{\partial x} + \frac{\partial (vN)}{\partial y} + gH \frac{\partial Z}{\partial y} + g \frac{n^2 v \sqrt{u^2 + v^2}}{H^{\frac{1}{3}}} = 0 \tag{3.10}$$

$$Z = Z_0 + H$$

式中 H——水深，m；

   M，N——x，y 方向上的单宽流量，m^2/s，且 $M = Hu$，$N = Hv$；

   u，v——流速在 x，y 方向上的分量，m/s；

     q——源汇项；

     Z——水位；

   Z_0——底高程；

     n——糙率；

     g——重力加速度；

     t——时间。

3.2.2 有限体积法对二维基本方程离散

利用水力学方法构建数学模型时，主要涉及控制方程的离散和求解。不同的离散方法进行对比可知：有限体积法在不规则网格上适应性较好，计算精度较高，并且较特征线法、有限差分法、有限元法等方法具有守恒性较好等优点；对方程进行离散时，具有能够满足因变量的积分在任意一组控制体积内均守恒的特点，能很好地适应本模型的研究要求。因此，本书选用有限体积法进行方程的离散。对基本控制方程采用有限体积法进行离散时，应用无结构不规则的网格布置系统，同时选用单元中心方式控制体积，其空间布置方式如图 3.2 所示。其中，空心圆点表示单元，实心圆点表示网格节点，交叉标记的直线表示过流通道，取网格中心处平均水深为计算水深 H，网格周边通道的平均单宽流量为计算流量 Q；水深和流量在时间层面的计算采用通道、单元交错的计算方式（图 3.3）。

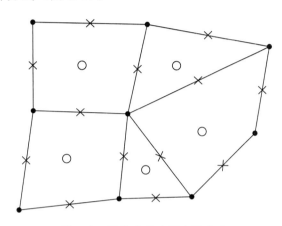

图 3.2　H 和 Q 的空间布置方式

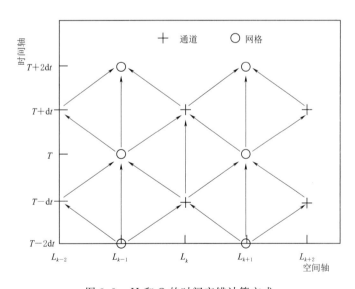

图 3.3　H 和 Q 的时间交错计算方式

3.2.2.1　连续方程的离散

在应用有限体积法进行离散时，将式（3.8）改写为式（3.11）的矢量形式，即

$$\frac{\partial H}{\partial t} + \nabla(H\vec{V}) = q \tag{3.11}$$

在网格单元内进行积分，即

$$\int_A \left[\frac{\partial H}{\partial t} + \nabla(H\vec{V})\right]\mathrm{d}A = \int_A q\,\mathrm{d}A \tag{3.12}$$

由于同一网格单元内地形变化不大，可假定水深 H 和源汇项 q 在同一网格内基本保持不变，则式（3.12）可改写为式（3.13），即

$$A\frac{\partial H}{\partial t} + \int_A \nabla(H\vec{V})\mathrm{d}A = qA \tag{3.13}$$

由格林—高斯公式原理可将式（3.13）转化为

$$A\frac{\partial H}{\partial t} + \int_A (H\vec{V}\cdot\vec{n_1})\mathrm{d}l = qA \tag{3.14}$$

式中　$\vec{V}$——网格周边通道上任意一点的速度矢量；

　　　$\vec{n_1}$——该点的外法线单位方向矢量。

$$Q = -H\vec{V}\cdot\vec{n_1}$$

式中　Q——网格单元各个通道上的单宽流量，流入为正，流出为负。

则对任一 K 边形网格有

$$\int_A (H\vec{V}\cdot\vec{n_1})\mathrm{d}l = \int_A Q\,\mathrm{d}l = \sum_{k=1}^{k} Q_k L_k \tag{3.15}$$

将式（3.15）代入式（3.14）中，则

$$A\frac{\partial H}{\partial t} + \sum_{k=1}^{k} Q_k L_k = qA \tag{3.16}$$

对式（3.16）采用中心差分进行时间离散，得到式（3.17）：

$$A_i\frac{H_i^{T+\mathrm{d}t} - H_i^{T-\mathrm{d}t}}{2\mathrm{d}t} + \sum_{k=1}^{k} Q_{ik}L_{ik} = A_i q_i^T \tag{3.17}$$

将时间向后移动一个步长，整理后得到连续性方程进行有限体积离散后适用于任意多边形网格的表达式，即

$$H_i^{T+2\mathrm{d}t} = H_i^T - \frac{2\mathrm{d}t}{A_i}\sum_{k=1}^{k} Q_{ik}L_{ik} + 2\mathrm{d}t q_i^{T+\mathrm{d}t} \tag{3.18}$$

式中　H_i^T——第 i 个网格单元在 T 时刻的水深；

　　　A_i——第 i 个网格单元的面积；

　　　L_{ik}——第 i 个网格单元第 k 号通道的长度；

　　　Q_{ik}——第 i 个网格单元第 k 号通道的单宽流量；

　　　$q_i^{T+\mathrm{d}t}$——第 i 个网格单元在 $T+\mathrm{d}t$ 时刻的抽排水量；

　　　$\mathrm{d}t$——时间步长。

3.2.2.2　运动方程的离散

由于滞洪区实际地形较为复杂，如果建立整体网格间的联立方程进行求解，则计

算量较大，且计算时线性方程的系数矩阵容易出现奇异，造成计算的不稳定，因此本文采用局部网格推进法进行方程的求解。模型计算时采用分类简化的方法，将滞洪区内复杂的地形按照地面型通道、河道型通道和缺口堤或连续堤通道进行模化来计算通道上的单宽流量。

1. 地面型通道

地面型通道是指通道两侧网格单元均为比较平坦的陆地地面，同时该通道上没有堤防等阻水建筑物。此种情况下滞洪区内地形起伏变化较小，可将公式中的加速度项进行省略，而保留起主要作用的重力项和阻力项，利用差分法将式（3.9）与式（3.10）进行离散，从而得到离散的动量方程为

$$Q_j^{T+dt} = \text{sign}(Z_{j1}^T - Z_{j2}^T) H_j^{5/3} \left(\frac{|Z_{j1}^T - Z_{j2}^T|}{dL_j} \right)^{\frac{1}{2}} \frac{1}{n} \tag{3.19}$$

式中　Q_j^{T+dt}——第 j 个通道在 $T+dt$ 时刻与两侧网格单元的交换流量；

　　　　sign——符号函数；

Z_{j1}^T、Z_{j2}^T——通道两侧单元的水深；

　　　　H_j——第 j 个通道上的平均水深；

　　　　dL_j——通道两侧单元形心至通道中点距离之和。

2. 河道型通道

河道型通道是指通道两侧网格单元均为河道型网格单元，此时受河道地形影响，同时考虑方程中的重力项、阻力项和加速度项，通过差分法可得到其离散方程为

$$Q_j^{T+dt} = Q_j^{T-dt} - 2dtg H_j \frac{Z_{j2}^T - Z_{j2}^T}{dL_j} - 2dtg \frac{n^2 Q_j^{T-dt} |Q_j^{T-dt}|}{H_j^{\frac{7}{3}}} \tag{3.20}$$

式中　n——第 j 个网格的糙率；

其他各项所代表的意义同前。

3. 高于地面的阻水建筑物的处理

连续堤或缺口堤通道，公路，铁路，连续堤防等高于地面的阻水建筑物其流量采用宽顶堰溢流公式计算，经离散后可化为

$$Q_j^{T+dt} = m\sigma_s \sqrt{2g} H_j^{\frac{3}{2}} \tag{3.21}$$

式中　m——流量系数；

　　　σ_s——淹没系数；

　　　H_j——第 j 个通道上的平均水深。

4. 过水建筑物的处理

跨越阻水边界的过水建筑物，如公路桥涵、涵洞等，起到连接上下游水流的作用，计算区域内的桥、涵洞等无压水流按式（3.21）进行计算。

5. 特殊单元处理

有压隧洞水流计算式为

$$Q_j^{T+dt} = \phi\omega\sqrt{2g\Delta z_j}\tag{3.22}$$

式中　ω——有压隧洞断面面积，m^2；

　　　ϕ——流量系数，取 $0.65\sim0.7$；

　　　Δz_j——上下游单元水头差。

3.2.3　模型的渗漏处理

模型计算中，采用格林安普特公式计算下渗率，该公式由 Green 和 Ampt 在 1911 年提出，他们将下渗过程进行了简化：假定土壤在空间尺度上满足均质各向同性，初始含水率极低且在剖面上均匀分布，入渗受剖面控制，从开始就有积水且不随时间变化，能够满足土壤入渗能力；另外，饱和土壤和非饱和土壤以湿润锋面为交界面，即湿润锋面以上区域含水率为饱和含水率，以下区域仍为初始土壤含水率。在以上假设的基础上，下渗过程中土壤水分剖面随时间的变化类似于气缸中的活塞沿深度方向不

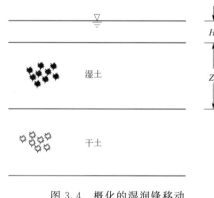

图 3.4　概化的湿润锋移动

断向下推进，如图 3.4 所示。若以地表为参考平面，规定向下为正，在以上假设的基础上可根据达西定律和水量平衡方程建立饱和下渗基本模式。假定地面积水深度为 H，则地面某一点单位质量水的压力势为 H，因无其他水势的影响，则某一点所受的总水势为 H；湿润锋面处的重力势以其位置为 z_f，土壤吸力为 s_f，则湿润锋面处的总水势为 $-(z_f+s_f)$。土壤表面与湿润锋面的水势梯度可表示为 $[-(s_f+z_f)-H]$，由达西定律可得地表处的入渗率 f_p 为

$$f_p = K_s\left(\frac{s_f+H}{Z_f}+1\right)\tag{3.23}$$

式中　f_p——下渗率或下渗能力，cm/d；

　　　K_s——饱和水力传导度，cm/d，模型计算时采用 $40\sim80mm/h$。

此次模型计算时将式（3.23）进行简化，假定下渗土层土壤含水量为田间持水

量，忽略基质水势，则下渗率计算公式为

$$f_p = K_s \left(\frac{H}{Z_f} + 1 \right) \tag{3.24}$$

3.3 一维、二维数学模型嵌套

模型在模拟一维、二维河道与滞洪区内洪水演进时，一般通过多个分洪口门与不同分洪区域连接，由口门前水位、调度规划给定的扒口顺序与流量控制口门是否进行分洪。根据以往数据得出的经验，同时考虑不同来流过程产生不同的洪水压力。结合实际情况，实时调度分洪口门渐次扒开。

河道水流通过多个口门与泛区相连接，在每个计算时刻，先进行一维河道洪水演进计算，计算得到口门处的河道水位作为相对应的二维数学模型单元网格的边界条件，由宽顶堰流公式计算得到口门处流量。口门处分洪流量作为一维数学模型方程的旁侧出流，同时对分蓄洪区内洪水演进过程进行模拟。计算过程中保证在每个计算时刻后口门两侧水位相同，一维数学模型与二维数学模型流量变化大小相等，方向相反。这种嵌套方式可以实现一维、二维数学模型信息实时动态交换，实现二者真正耦合。

衔接口门条件为

$$\begin{cases} Q_\Gamma^{T+dt} = Q_j^T \\ Q_j^{T+dt} = \varepsilon \sigma_s m \sqrt{2g} \, (H_i^{3/2})_\Gamma^T \end{cases} \tag{3.25}$$

式中　Q_j——一维旁侧出流流量；

　　　Q_Γ——二维数学模型边界流量；

　　　H_i——衔接断面上游的堰上水头。

目前，一维、二维衔接数学模型大多采用"整体水位式"方法，即将口门对应的分洪区域作为一个整体，采用统一的水位值进行计算，衔接计算后获得的蓄滞洪区水量变化平均分配在该分洪区域上，从而得出新的水位值。本书数学模型在模拟方法上进行了改进，采用单个网格单元与口门相连接，在每个计算时段通过计算单元网格之间的水量交换、水位变化来模拟洪水在蓄滞洪区内的演进过程，演进计算结束后与口门相连接的单元水位作为下个计算时段该口门二维衔接数学模型的水位初始值。

一维控制式（3.1）和式（3.5）描述了计算区域内流量和水位的变化情况，它们必须受到边界上外加条件的限制。限制形式有三种：水位过程线、流量过程线和水位流量关系。河道上、下游各需添加一个边界条件，同时，上、下游应选择不同的控制条件，例如上游以水位过程线为控制条件时，下游最好选择流量过程线或者水位流量关系条件。

第 4 章

洪水演进水动力学数值
模拟的工程应用

4.1 研究背景

4.1.1 模型范围

根据本书第 3 章洪水演进数学模型建立的思路,将该模型应用于小清河蓄滞洪区,小清河蓄滞洪区(又称为小清河分洪区)位于大清河系北支中上游大宁水库以下,区域范围跨越北京市和河北省,东临永定河右堤及高地,西侧接山区前高地,向南延展至古城小埝和小营横堤。

区域地势西北高、东南低,洼套较多,小清河滞洪区历来作为拒马河、大石河、小清河三条河流洪水以及永定河分洪洪水汇聚的滞洪场所,汇集洪水主要在古城小埝及小营横堤的约束下被导入白沟河。由于受永定河卢沟桥以下河道泄洪能力限制,当永定河遇较大洪水威胁北京市及下游河道安全时需向小清河分洪。永定河卢沟桥站来水超过 2500m³/s 时,即通过大宁水库向小清河分洪。近年北京市境内通过修建永定河滞洪水库,大宁水库 50 年一遇及以下标准洪水不向小清河分洪,100 年一遇洪水向小清河分洪下泄流量为 214m³/s。

4.1.2 边界条件

1. 入流条件

入流条件也称模型的上边界条件,主要指向小清河分洪区内进行分流的河流洪水过程。主要入流地点在张坊村附近,入流洪水总量以白沟河东茨村站为总控制,包括北拒马河、大石河、胡良河、小清河、刺猬河和哑巴河等河流来水。东茨村站设计洪水地区组成按张坊与东茨村同频率,其他河流进行相应组合。其中,50 年一遇洪水东茨村站 6 日洪水量为 10.87 亿 m³,北拒马河 6 日洪水量为 7.06 亿 m³;20 年一遇洪水东茨村站 6 日洪水量为 6.95 亿 m³,北拒马河 6 日洪水量为 4.56 亿 m³。考虑永定河和白沟河洪水不同组合情况,白沟河东茨村以上流域出现 20 年一遇洪水时永定河不分洪;白沟河东茨村以上流域出现 50 年一遇洪水时,与永定河 100 年一遇洪水(分洪流量为 214m³/s)相组合。本书采用 20 年一遇和 50 年一遇不同来流过程情况进行模型计算,分别如图 4.1、图 4.2 所示。

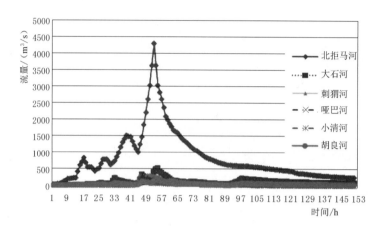

图 4.1   20 年一遇来流过程

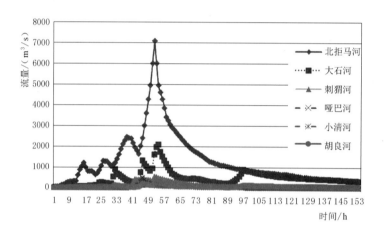

图 4.2   50 年一遇来流过程

2. 出流边界条件

遇设计标准及其以下洪水时，小清河分洪区的洪水出口为白沟河；遇超标准洪水时，除利用白沟河进行分洪外需同时利用小营横堤扒口向兰沟洼分洪，此时白沟河东茨村断面的水位泄量关系和小营横堤分洪口门均作为模型的下游边界。白沟河东茨村断面水位泄洪流量关系见表 4.1。

表 4.1   白沟河东茨村断面水位泄洪流量关系

断面水位/m	20.50	22.23	24.24	24.88	25.46	25.94	26.76	27.42
泄洪流量/(m³/s)	0	50	270	650	900	1100	1600	2100
断面水位/m	28.08	28.57	29.44	30.20	30.89	32.12	33.20	
泄洪流量/(m³/s)	2600	3100	4100	5100	6100	8100	10100	

4.2 网格生成与糙率系数

本书运用数学模型进行模拟计算的主要范围:西侧以北拒马河京石二通道为边界,北至大宁水库,下游则延伸至白沟河东茨村,同时包括区间的小清河、大石河、胡良河、北拒马河和小清河行洪区。

1. 网格生成

网格是指分布于流场中的离散节点按照一定规律的集合,而这些离散节点产生的过程则称之为网格生成。对模型进行数值模拟时,必须首先将其按照一定的标准进行网格生成,其生成方法主要为结构化网格、非结构化网格和混合网格,而生成网格的质量和疏密将会直接影响计算结果的精度和效率。其中结构化网格的节点与相邻节点的关系可根据网格编号的规律自动生成,生成网格的速度较快,数据结构较简单,与实际区域的边界拟合较容易实现,但其只对形状规则的区域具有较好的应用性,适用性比较局限;非结构网格中每个单元和节点的编号无固定规律,每一个节点周围节点个数不是固定的,因此非结构网格的节点和单元的布置比较灵活,对边界条件的适应性更强,广泛应用于需要复杂模型网格进行处理的模型计算中,但其主要缺点为不能较好地处理黏性问题,对于相同的物理空间,网格填充效率不高;近年来将结构网格和非结构网格的优势进行结合而形成的混合网格也逐步得到应用。

本书根据小清河行洪区的地形和河道横纵断面的资料以及北拒马河三支河道带状地形图采集的地形数据,采用非结构网格自动生成技术进行网格的剖分,以正方形网格为背景网格,局部辅以三角形、五边形、六边形网格。考虑到一维、二维数学模型独立计算、实时衔接的特点,对河道及泛区进行独立剖分。其基本思路是:①进行背景网格布置,利用FORTRAN程序对计算区域覆盖的最大矩形范围进行正方形网格的自动划分,网格尺寸为250m×250m,每个网格的顶点、边以及网格自身都分别被赋予唯一的节点号、通道号和单元号;②记录每个单元周围的节点号与通道号,共用同一节点的单元号与通道号,每个通道两端的节点号与两侧的单元号,形成节点—通道—单元信息库,一旦某条信息发生变动,其对应信息也会发生改变。一维模型主槽断面依据2003年实测河槽深泓断面排列,利用天津水利水电勘测设计研究院航测遥感院提供的2003年1:10000地形图补充主槽两侧的滩地断面资料,河道覆盖范围上起梁各庄以上14.5km处断面,下到屈家店水利枢纽,河道全长98.851km。为准确地反映西部沙坑的实际情况,大石桥的过流能力,以及大石桥下游河道小流量时沿主槽运动的水流形势，对北拒马河北支、中支、南支以及下游河道按照河道走势进行了网格加密处理。并同时将每个网格的单元号、节点号和通道号依次进行标记，依据防洪调度原则，蓄滞洪区分区、分级进行调度运用，以分区之间的分界线、泛区边界来切割生成的矩形网格，去除边界范围以外的部分，保留要计算的区域网格，并同时对其编号进行重新排列并将网格的属性进行重新定义，自动整理网格的单元、节点和通道信息，形成与蓄滞洪区形状完全吻合的新网格。考虑到单元面积较小不利于计算，利用程序对网格进行合并小单元处理，与切割小单元相比，合并小单元的方法可以获得准确的蓄滞洪区面积，使得建立的模型更加符合实际情况。

本书模型采用无结构不规则网格技术：①采用正方形网格对全区域进行网格划分；②根据地形的特点及行洪需要，加入控制边界来调整优化网格；③生成与本模型匹配的网格。

整个地面型网格的剖分过程比较复杂，具体步骤如下：

（1）在剖分的最初用程序依区域的最大长、宽生成一系列的正方形网格数据，包括单元、节点、通道的编号及通道两侧的单元的编号。

（2）用泛区的边界地形数据来切割整个正方形区域网格，最后产生了与泛区边界相符的网格信息。

（3）再根据泛区内的铁路、公路的实际长度和走向在上一步的基础上划分网格。

（4）调整网格。调整网格工作主要包括单元、通道的拆分、合并及删除，具体为：

1）当铁路或公路从网格的相邻的通道穿过，最简单的情况，如图 4.3 所示，点 G、P、E 表示一条铁路或公路与相邻两个单元网格的交点。可以先通过程序求出交点的坐标。此时，交点连成的线段 GP 和线段 PH 与原来单元的通道一起把原来的两个单元第①、第②部分分成了第①～第④四个部分，每一部分的面积可以用 Δ_i 表示，用 l_i 表示最大边长。可以根据需要的网格最小面积和最小边长，如果设定 $\Delta_i < 0.1\Delta_{unit}$ 且 $l_i > 0.2lpassige$，不把该部分单独作为一个单元考虑，而是把它并入与它相邻的单元网格中，这样就有三种可能：如果根据三点 G、C、P 计算出的第④部分和根据 P、B、H 算出的第③部分的面积均小于设定值，且边长符合假定条件，则把它们分别与第②和第①部分合并为一个单元。同时，删除多余的通道 BC 及节点 B、C，更改数据结构，重新存储数据节点、通道、单元信息；如果第②或第④部分有一个小于设定值则把小于设定值的那部分与相邻单元的相邻部分合并。第④部分符合合并条件，因此，把第④和第②部分合并，第③部分保留，如图 4.4 所示；最后如果这四个部分都大于设定值，则把原来的两个网格拆分为四个单元。因此，一般的网格处理程序包括：先拆分单元，然后合并单元、合并通道，同时删除原来的某些通道、单元和节点。

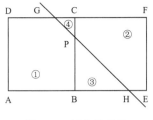 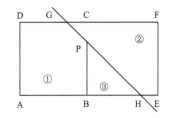

图 4.3　拆分单元格　　　　　　　图 4.4　合并单元格

2）当铁路或公路从网格的相对通道穿过，如图 4.5 所示，点 G、H 为铁路或公路与网格的交点，把原来的单元分为第①、第②两部分。视所分得的两部分面积的大小确定是否合并单元，这样会有两种可能的网格合并方法。比如只有第②部分面积小于设定值，这时可以把第②、第③部分合并为一个单元格，把第①部分独立作为一个单元。这样整个划分后的单元仍为两个，如图 4.6 所示；如果第①、第②部分均大于设定值，则把这三部分作为三个单元来处理。处理过程也是拆分单元、合并单元或删除单元，及合并通道或拆分通道和删除节点，改变原来存储节点信息。

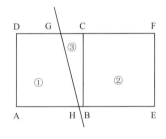 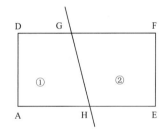

图 4.5　拆分单元格　　　　　　　图 4.6　合并单元格

（5）由于整个计算域内有多个网格被铁路或公路穿过，因此要逐个对网格进行划分处理。一个网格可能被多条铁路或公路穿过，所以在一次划分完成之后再重复第（3）、第（4）步多次划分，直到把所有的铁路、公路都考虑在网格的划分内；同时判断、删除不合理的部分，即拆分单元后的部分面积和边长均小于设定值的网格。

2. 不规则网格的辅助公式

三角形及四边形网格的顶点按逆时针编号。
（1）AB 边边长计算公式为

$$l_{AB}=\sqrt{(x_A-x_B)^2+(y_A-y_B)^2}\qquad(4.1)$$

（2）单位外法向量计算公式为

$$n=\left(\frac{y_B-y_A}{l_{AB}},-\frac{x_A-x_B}{l_{AB}}\right)^T\qquad(4.2)$$

（3）单位切向量计算公式为

$$t = \left(\frac{x_B - x_A}{l_{AB}}, \ \frac{y_B - y_A}{l_{AB}} \right)^T \tag{4.3}$$

（4）三角形面积计算公式为

$$\Delta = \frac{1}{2} \left[x_A (y_B - y_C) + x_B (y_C - y_A) + x_C (y_A - y_B) \right] \tag{4.4}$$

（5）四边形 ABCD 面积计算公式为

$$A = \frac{1}{2} \left[(x_A - x_C)(y_B - y_D) + (y_A - y_C)(x_B - x_D) \right] \tag{4.5}$$

（6）同样对于 $N(N > 4)$ 边形，将其顶点按逆时针编号，从第 1 点分别向第 2，第 3，…，第 $(N-1)$ 点引直线，将 N 边形分成 $(N-2)$ 个三角形，其总面积等于 $(N-2)$ 个三角形面积之和，即

$$A = \sum_{i=1}^{N-2} \Delta_i$$

最终形成整个模型范围内的无结构网格。通过以上网格划分和处理，模型范围内设置了 25471 个节点，24385 个单元，49863 个通道。网格整体切割图如图 4.7 所示，网格细部放大图如图 4.8 所示。

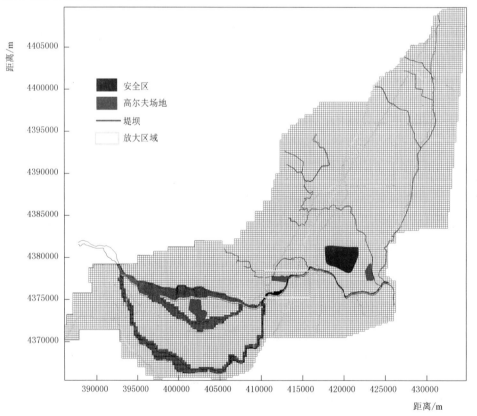

图 4.7　网格整体切割图

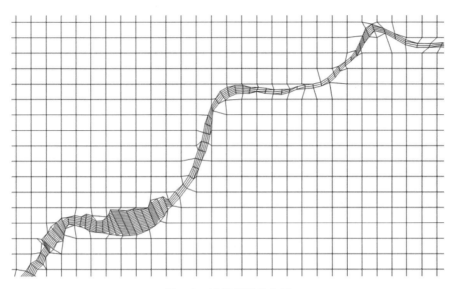

图 4.8 网格细部放大图

3. 糙率系数

糙率系数可以反映水流的综合阻力效果，其与河道过水断面的形状、尺寸、流量、水深及壁面的粗糙程度等因素有关，由于缺乏实测资料，本书在计算过程中采用的糙率系数由以往模型计算的经验及网格内的河道状况、村庄分布、作物组成以及道路、树丛、堤埝分布等情况综合确定。河道模型断面采用主槽和边滩的综合糙率系数，其计算公式为

$$n = \left(\frac{\chi_z n_z^{1.5} + \chi_b n_b^{1.5}}{\chi_z + \chi_b} \right)^{\frac{2}{3}} \tag{4.6}$$

式中　　n——糙率；

　　　　χ——湿周，无下标时表示综合糙率系数；

　　　　χ_z——主槽值；

　　　　χ_b——边滩值。

小清河模型单元采用分区综合的糙率系数，其计算公式为

$$n = \frac{\sum A_i n_i}{\sum A_i} \tag{4.7}$$

式中　　n_i——各典型区域糙率系数；

　　　　A_i——各典型区域的面积。

河道、滞洪区糙率系数取值见表 4.2。

表 4.2　　　　　　　　　　　　　　河道、滞洪区糙率系数取值表

地物特征	糙率系数		
	全网格	半网格	
房屋	0.1	河道	0.06
		农田	0.07
		树木	0.09
树木	0.08	河道	0.05
		农田	0.065
河道	0.03	农田	0.045
农田	0.05~0.06		

4.3　模型验证

根据现有资料对 20 年一遇洪水和 50 年一遇洪水的最高水位分别选取 12 个点进行验证，验证点在模型范围内的位置如图 4.9 所示，其验证步骤是在模型数字化的基础上，点选 3 组数据（通过横、纵坐标确定该点），每组包含 4 个点，具体对比结果见表 4.3 和表 4.4。

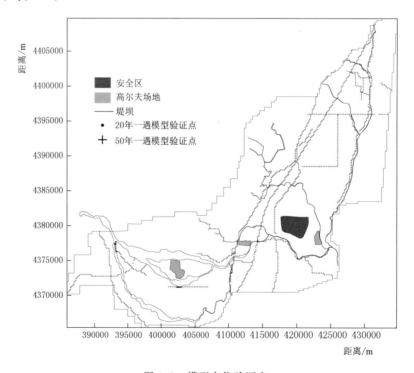

图 4.9　模型水位验证点

表 4.3   20 年一遇洪水水位比较   单位：m

横坐标	纵坐标	设计水位	模拟水位	误差
405114.3	4373139	36.00	35.94	0.06
403117.1	4370840	38.00	38.23	−0.23
419214.7	4377884	29.00	29.08	−0.08
415073.6	4380300	31.00	30.74	0.26
425161.3	4373139	27.50	27.63	−0.13
421183.8	4375956	28.50	28.46	0.04
408496.5	4379427	32.00	31.88	0.12
404607.7	4376392	35.00	35.00	0.00
407664.2	4376687	32.00	31.87	0.13
422300.3	4381701	28.00	28.24	−0.24
417428.4	4378899	30.00	30.05	−0.05
408354.4	4374088	34.00	34.49	−0.49

表 4.4   50 年一遇洪水水位比较   单位：m

横坐标	纵坐标	设计水位	模拟水位	误差
404572.3	4373187	37.00	36.88	0.12
403732.1	4371703	38.00	38.03	−0.03
411629.7	4379180	32.00	31.75	0.25
405020.4	4375456	36.00	35.99	0.01
404292.2	4375007	37.00	37.00	0.00
415158.3	4378460	31.00	30.76	0.24
409264.1	4374094	34.00	33.89	0.11
406887	4374967	35.00	35.09	−0.09
420349.1	4375743	28.50	28.65	−0.15
419548.6	4376859	29.00	28.86	0.14
402569.4	4370698	39.00	38.97	0.03
406329.1	4375452	35.00	35.16	−0.16

    对小清河滞洪区进行 20 年一遇和 50 年一遇洪水演进过程的模拟所得到的模拟水位与设计水位基本一致，20 年最大绝对误差为−0.49m，50 年一遇最大绝对误差为 0.25m，模型计算合理。

4.4　数值模拟

本书建立模型主要研究的问题是分析在不同的堤防方案条件下，不同频率洪水发生时对城区的安全影响程度，通过对不同情况的模拟结果进行对比分析，确定较为安全的堤坝规划建设方案。

以小清河滞洪区堤防高程现状条件，进行数值模拟分析，洪水频率分别选用20年一遇和50年一遇洪水频率，现状条件下20年一遇洪水演进过程如图4.10所示；现状条件下20年一遇洪水演进过程流场矢量图如图4.11所示；现状条件下50年一遇洪水演进过程如图4.12所示；现状条件下50年一遇洪水演进过程流场矢量图如图4.13所示。

然后本模型在规划堤防拟建设的情况下，同样采用20年一遇和50年一遇洪水频率，模拟了洪水演进的淹没范围和流场状况（表4.5）。20年一遇洪水演进过程矢量流场20年一遇洪水演进淹没过程如图4.14所示，20年一遇洪水演进流场矢量如图4.15所示；50年一遇洪水演进淹没过程如图4.16所示，50年一遇洪水演进流场矢量如图4.17所示。

表4.5　　　　　　　　　　小清河分洪区蓄洪水深情况统计表

水平年	蓄洪淹没合计		0~0.5m		0.5~3.0m		>3.0m	
	面积/km²	体积/亿 m³	面积/km²	体积/亿 m³	面积/km²	体积/亿 m³	面积/km²	体积/亿 m³
20年	96.94	1.32	38.77	0.07	46.53	0.61	11.63	0.63
50年	125.87	2.35	36.54	0.05	61.74	1.00	27.72	1.30

应用有限体积法进行模型计算的优点在于将方程进行离散时能够保证在任一组控制体内均守恒，但由于计算模式本身具有的缺点，常常会引起某些单元体出现水量不平衡的现象，即单元体出现入流量与出流量不相等的情况；换而言之，在单元体内会出现负水深的现象，产生虚假流动，这种现象对模型整体水流趋势不会造成很大的影响，却会引起模型总水量的偏差，为了提高水量平衡计算精度，本模型在应用有限体积法对洪水演进进行数值模拟的基础上，提出了单元流量出流修正法，并通过计算比较证明了计算模式的可行性。

模型应用无结构不规则网格进行模型前期处理，整个模型网格包括三角形、四边形及五边形，以为例进行说明，其中单元O为中心网格，与A、B、C、D 4个网格毗邻，整个计算模式以T、$T+\mathrm{d}t$和$T+2\mathrm{d}t$ 3个时间步长节点为一个单位时间计算过程（依照方程离散时的格式进行选取），整个时间范围内依次重复此单位时间内的处理过程。假定T时刻单元O、A、B、C、D内水深分别为H、H_a、H_b、H_c、H_d，如图4.18所示。

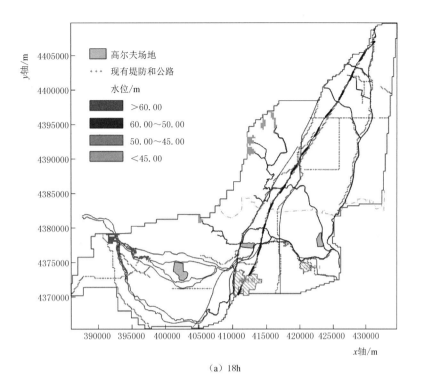

（a）18h

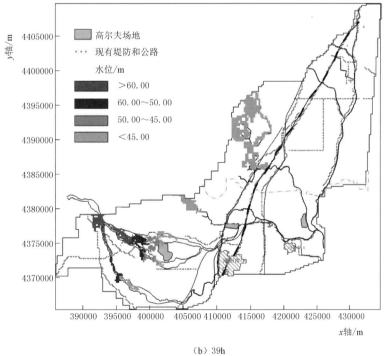

（b）39h

图 4.10（一） 现状条件下 20 年一遇洪水演进过程

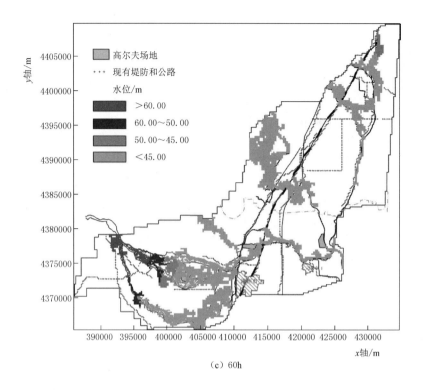

（c）60h

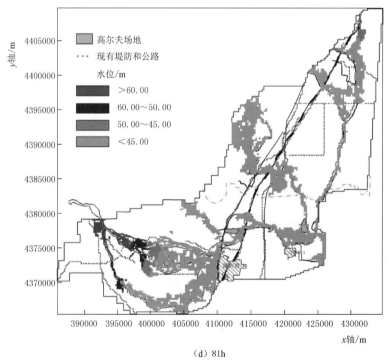

（d）81h

图 4.10（二）　现状条件下 20 年一遇洪水演进过程

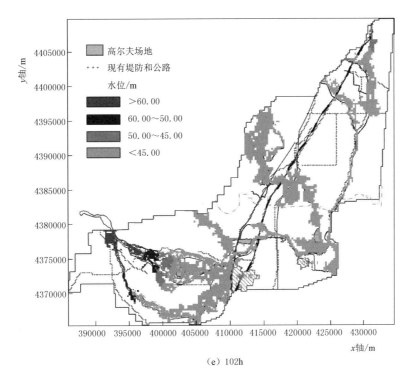

（e）102h

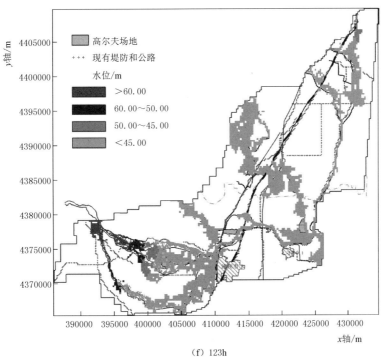

（f）123h

图 4.10（三） 现状条件下 20 年一遇洪水演进过程

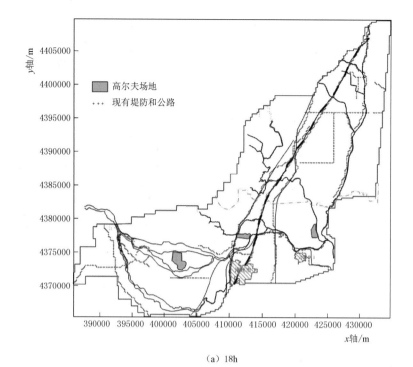

（a）18h

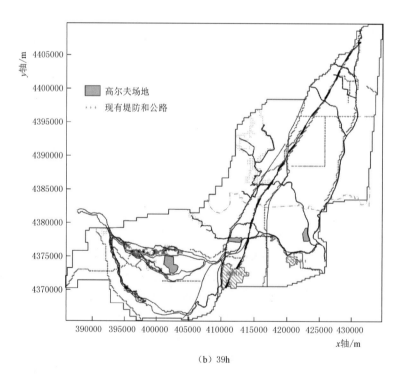

（b）39h

图 4.11（一）　现状条件下 20 年一遇洪水演进过程流场矢量图

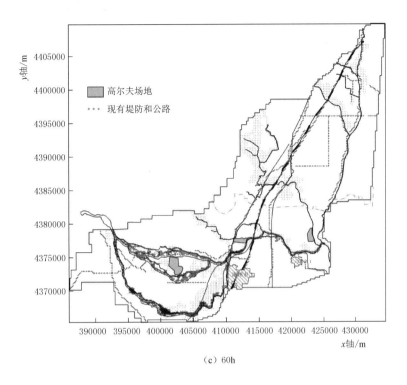

（c）60h

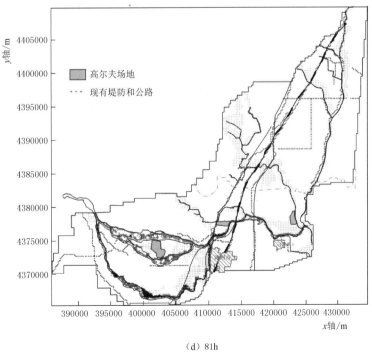

（d）81h

图 4.11（二） 现状条件下 20 年一遇洪水演进过程流场矢量图

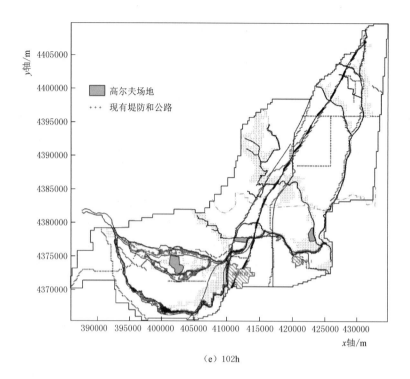

（e）102h

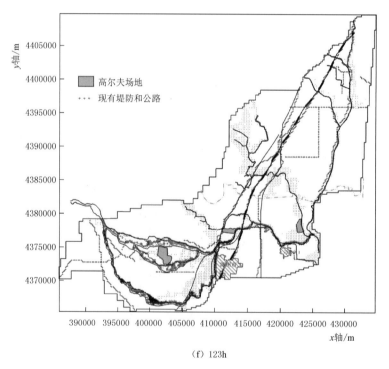

（f）123h

图 4.11（三） 现状条件下 20 年一遇洪水演进过程流场矢量图

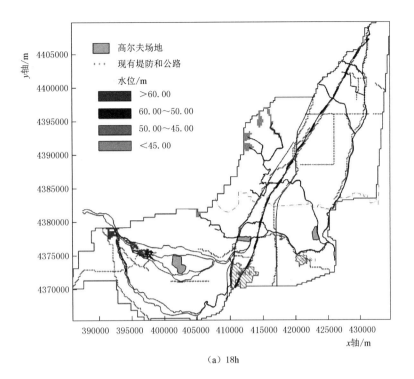

（a）18h

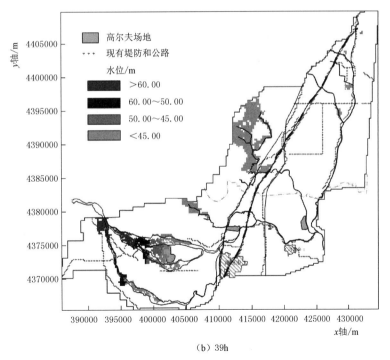

（b）39h

图 4.12（一） 现状条件下 50 年一遇洪水演进过程

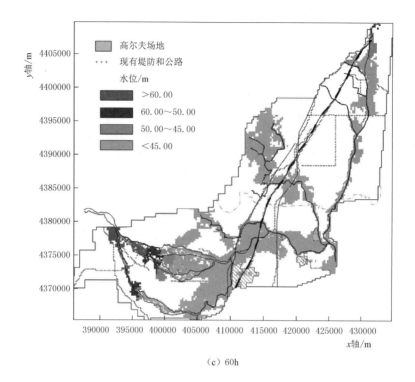

（c）60h

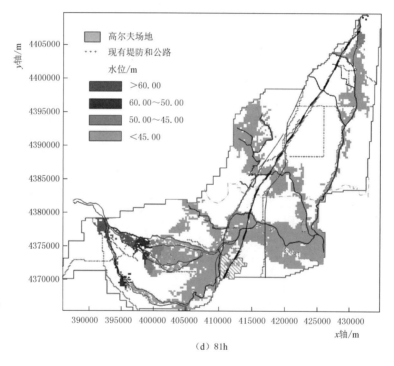

（d）81h

图 4.12（二）　现状条件下 50 年一遇洪水演进过程

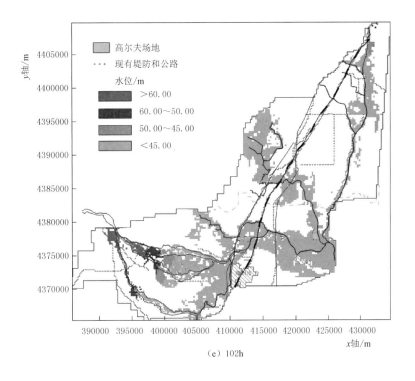

（e）102h

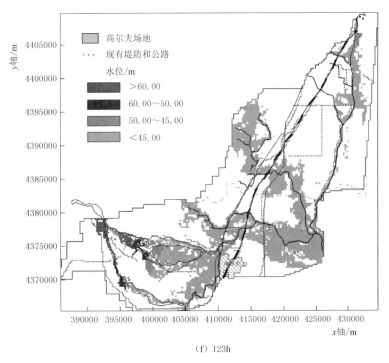

（f）123h

图 4.12（三） 现状条件下 50 年一遇洪水演进过程

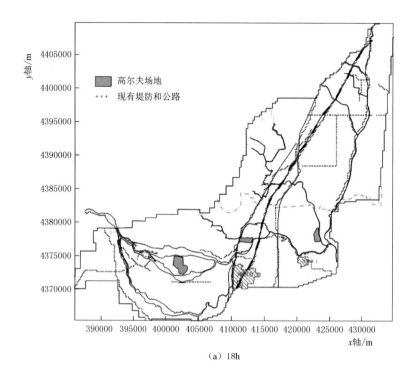

（a）18h

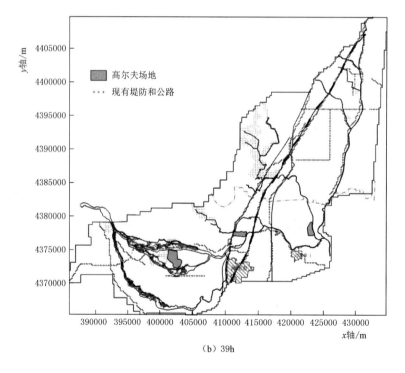

（b）39h

图 4.13（一）　现状条件下 50 年一遇洪水演进过程流场矢量图

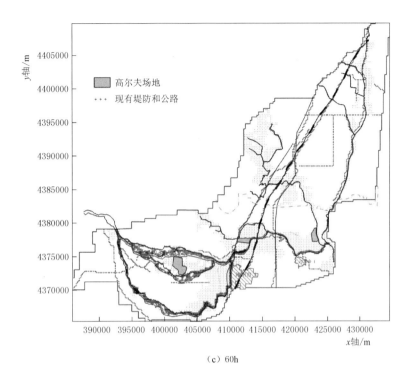

（c）60h

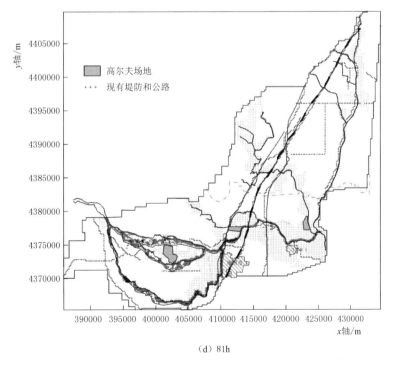

（d）81h

图 4.13（二） 现状条件下 50 年一遇洪水演进过程流场矢量图

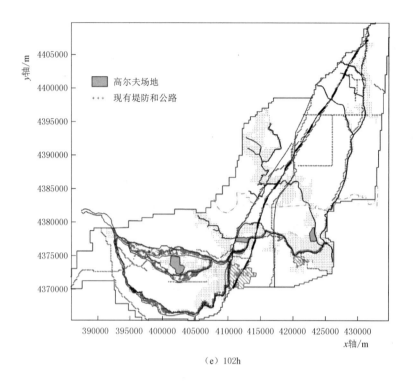

（e）102h

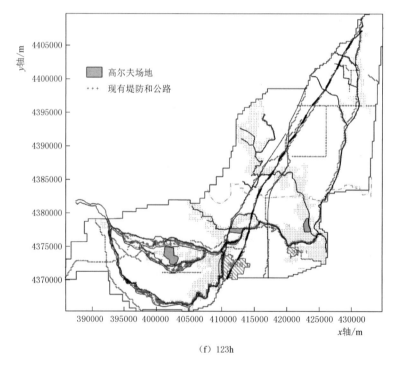

（f）123h

图 4.13（三）　现状条件下 50 年一遇洪水演进过程流场矢量图

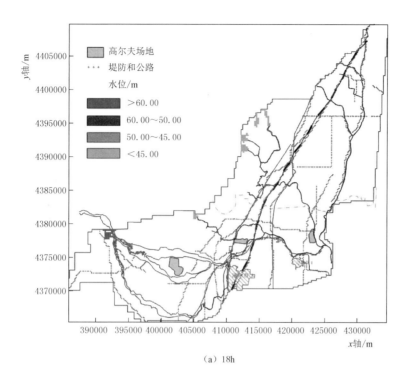

（a）18h

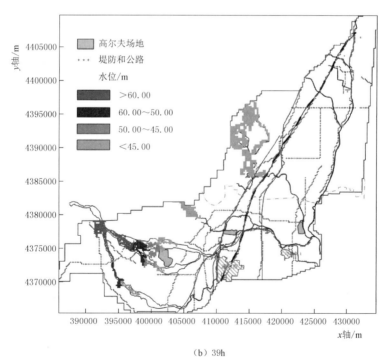

（b）39h

图 4.14（一） 规划无安全区条件下 20 年一遇洪水淹没图

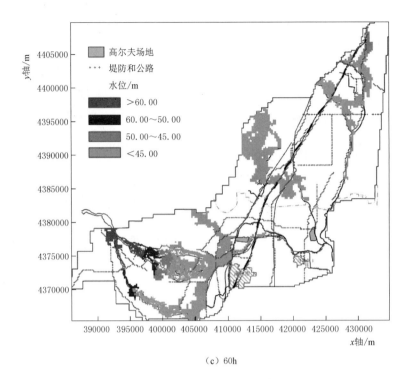

（c）60h

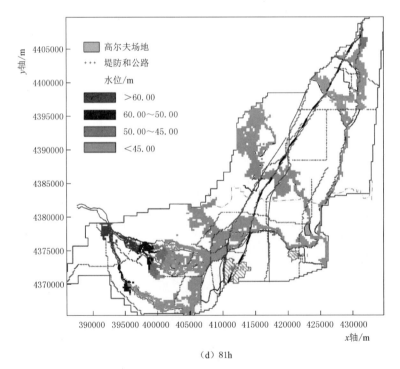

（d）81h

图 4.14（二）　规划无安全区条件下 20 年一遇洪水淹没图

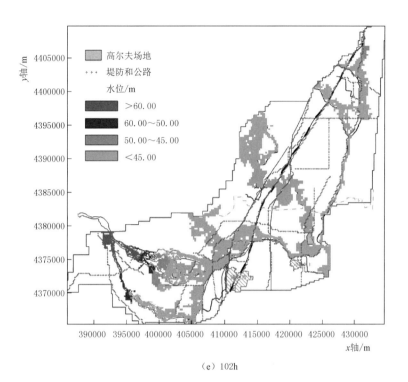

（e）102h

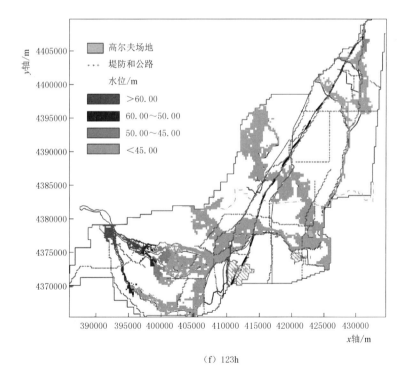

（f）123h

图 4.14（三） 规划无安全区条件下 20 年一遇洪水淹没图

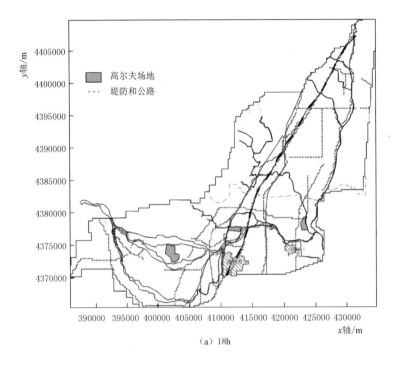

（a）18h

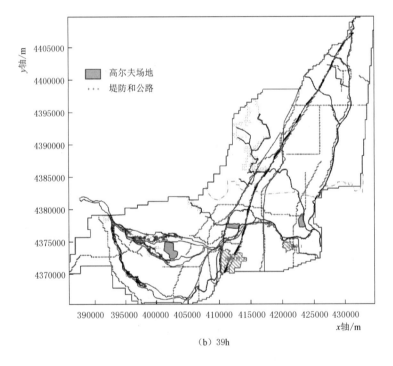

（b）39h

图 4.15（一）　规划无安全区条件下 20 年一遇流场图

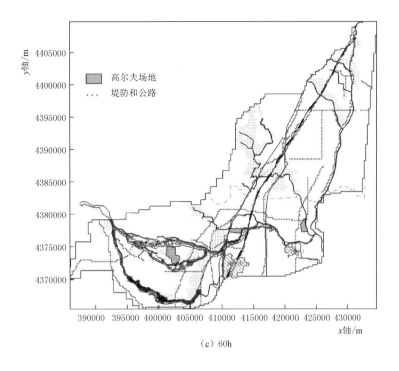

（c）60h

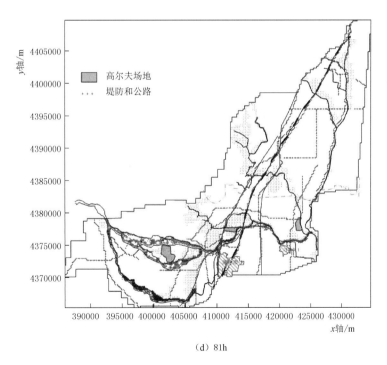

（d）81h

图 4.15（二） 规划无安全区条件下 20 年一遇流场图

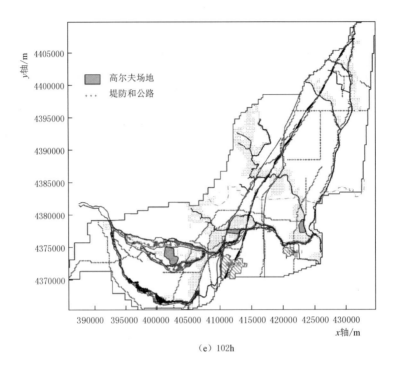

（e）102h

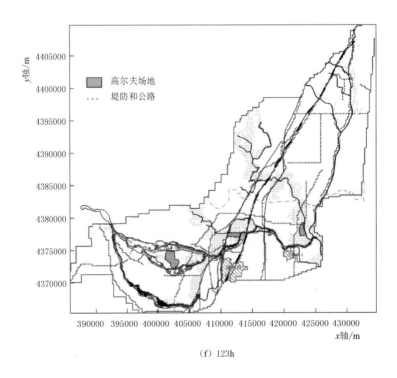

（f）123h

图 4.15（三）　规划无安全区条件下 20 年一遇流场图

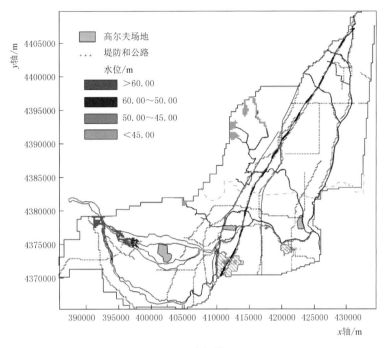

（a）18h

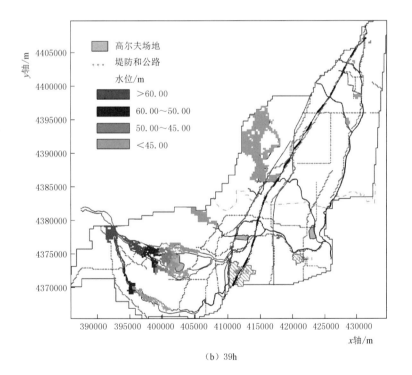

（b）39h

图 4.16（一） 规划无安全区条件下 50 年一遇洪水演进过程

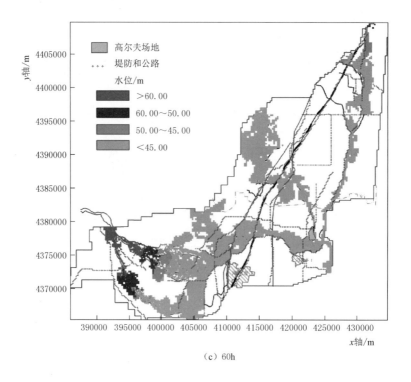

（c）60h

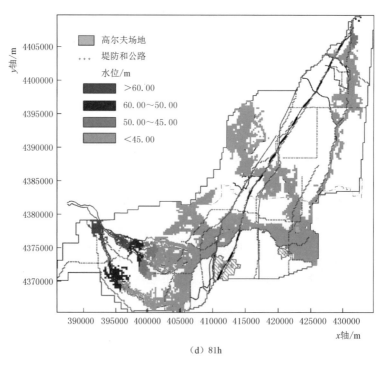

（d）81h

图 4.16（二）　规划无安全区条件下 50 年一遇洪水演进过程

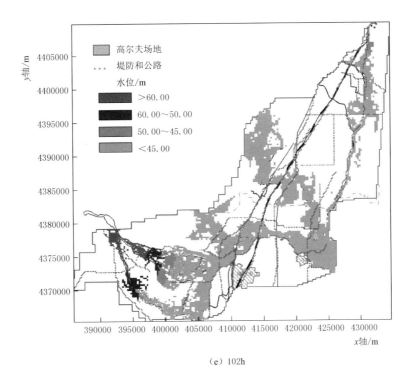

（e）102h

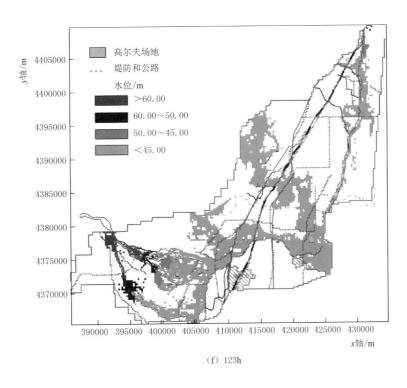

（f）123h

图 4.16（三）　规划无安全区条件下 50 年一遇洪水演进过程

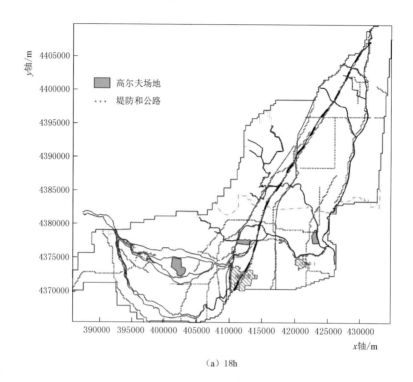

（a）18h

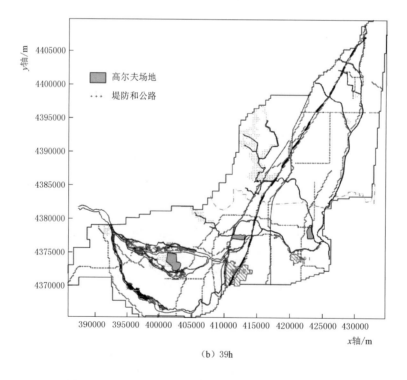

（b）39h

图 4.17（一）　规划无安全区条件下 50 年一遇流场图

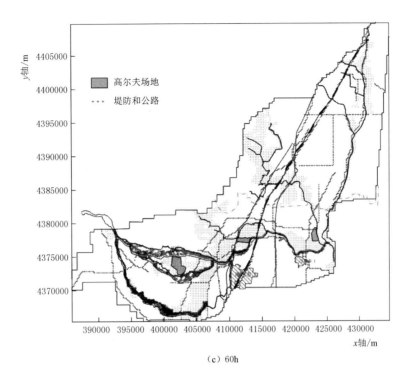

（c）60h

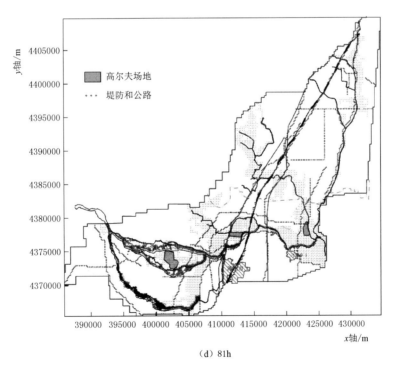

（d）81h

图 4.17（二） 规划无安全区条件下 50 年一遇流场图

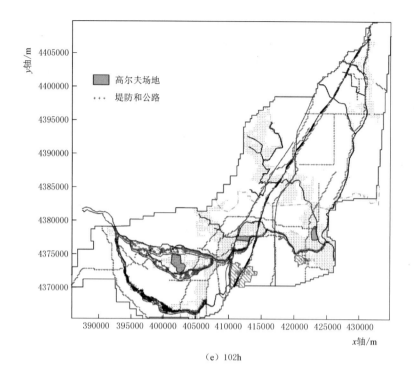

（e）102h

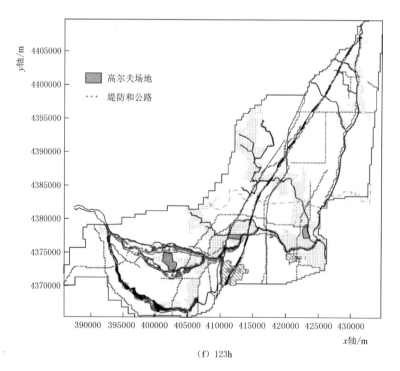

（f）123h

图 4.17（三） 规划无安全区条件下 50 年一遇流场图

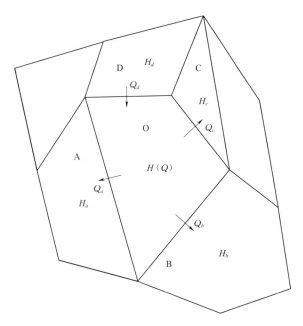

图 4.18　计算模式示意图

1. 未改进前的计算模式

未改进前的计算模式采用时间交错格式分别计算过流通道的流量和单元格内的水位。选用地面型通道为例，假定 T 时刻时各单元格内水位均已知，由 $Q_j^{T+dt} = sign(Z_{j1}^T - Z_{j2}^T) H_j^{5/3} \left(\dfrac{|Z_{j1}^T - Z_{j2}^T|}{dL_j} \right)^{1/2} \dfrac{1}{n}$ 计算得出 $T+dt$ 时刻通过各个通道的流量 Q_a、Q_b、Q_c、Q_d，进而可求出其单宽流量值 q_a、q_b、q_c、q_d，再由 $H_i^{T+2dt} = H_i^T - \dfrac{2dt}{A_i} \sum\limits_{k=1}^{k} Q_{ik} L_{ik} + 2dt q_i^{T+dt}$ 求得 $T+2dt$ 时刻单元格 O 的水深 H^{T+2dt}，若计算求得其水深 H^{T+2dt} 为负，则直接将水深赋值为 0（在整个模型计算中出现负水深是不合理的），此为一个计算水深和流量的过程，在整个时间内依次循环此过程完成整个计算。

2. 改进的计算模式

采用未改进前的计算模式进行计算时，如单元格内出现负水深时，其赋值为 0 将会增加水量，从而导致不平衡现象的出现，引起虚假流动。因此，对该模式需进行改进。改进主要分三个阶段：

（1）当利用方程。计算 $T+2dt$ 时刻单元 O 内水深为负时（假定此时出现的负水深为 $-h$），对计算模式进行修正，重新计算 $T+dt$ 时刻的出流，根据所得的负水深 $-h$ 分别将出流 Q_a、Q_b、Q_c 按比例缩减，重新得到此时的出流 Q_{a1}、Q_{b1}、Q_{b1}，保证单元格 O 不出现负水深。

（2）未加改进时只对出流进行修正而未对来流进行处理，在 $T+\mathrm{d}t$ 时间层面上对不同单元格的出流进行修正的同时相当于对其相邻的单元的入流也进行了修正，假定此时修正后的入流为 Q_{d1}，按照此时单元 O 向单元 A、B、C 泄流的比例重新分配 Q_{d1}，则出流值修正值分别为 Q_{a2}、Q_{b2}、Q_{c2}，对流量进行修正时保证 $Q_{a2}\leqslant Q_a$、$Q_{b2}\leqslant Q_b$、$Q_{c2}\leqslant Q_c$。

（3）应用上步中得到的出流对单元 O 的入流重新进行修正，将入流量按比例重新分配给此时单元 O 的出流，保证其出流量不大于连续方程的计算值。

将修正后的模式应用在现状条件下、50 年一遇洪水来流情况进行对比分析，50 年一遇水量平衡前现状条件下水量统计表和现状水量平衡后水量统计表分别见表 4.6 和表 4.7。

表 4.6　　　　　　　　50 年一遇水量平衡前现状条件下水量统计表

时间 /h	地面积水面积 /km²	渗漏面积 /km²	地面水体体积 /亿 m³	渗漏水体体积 /亿 m³	出流体积 /亿 m³	来流体积 /亿 m³	计算总体积 /亿 m³
1	7.274791	0.889392	7.954868	3.924355	0	11.879224	11.879224
2	8.168599	1.34514	25.715379	11.388928	0	37.104308	37.104308
3	9.550433	1.913812	43.296366	22.032589	0	65.328955	65.328955
4	10.362022	2.337899	67.435262	36.13832	0	103.573582	103.573582
5	11.426439	2.640311	106.63216	52.186744	0	158.818904	158.818904
6	12.04548	2.950007	161.309737	70.994242	0	232.303979	232.303979
7	14.748098	3.43755	229.832811	95.470347	0	325.303158	325.303158
8	15.743826	3.987316	307.822204	123.81808	0	431.640285	431.640285
9	16.846624	4.410219	389.882524	155.260119	0	545.142643	545.142643
10	17.126794	4.86039	473.438585	191.097094	0	664.53568	664.53568
11	18.048141	5.382192	559.458612	229.131375	0	788.563665	788.589988
12	18.544198	5.835893	693.478196	271.672584	0	965.147701	965.150779
13	18.995102	6.640478	920.997376	321.184982	0	1242.182357	1242.182357
14	20.010235	7.441855	1220.905365	378.331124	0	1599.235677	1599.236489
15	22.192432	9.486062	1563.603027	452.370761	0	2015.923092	2015.973788
16	24.44268	11.124302	1884.309432	544.225125	0	2428.488261	2428.534558
17	27.659044	12.428937	2124.312823	648.913091	0	2773.210423	2773.225913
18	29.291053	13.347812	2331.617464	753.820717	0	3085.388838	3085.438181

时间 /h	地面积水面积 /km²	渗漏面积 /km²	地面水体体积 /亿 m³	渗漏水体体积 /亿 m³	出流体积 /亿 m³	来流体积 /亿 m³	计算总体积 /亿 m³
19	30.333097	14.021515	2544.907725	855.416164	0	3400.303283	3400.323889
20	30.923173	14.442571	2748.977371	953.599411	0	3702.495455	3702.576783
21	31.403377	15.043788	2926.864668	1049.700684	0	3976.533811	3976.565352
22	35.985259	16.38498	3103.153369	1149.818424	0	4252.941885	4252.971793
23	41.096644	17.714629	3332.688557	1259.096583	0	4591.746184	4591.78514
24	43.653509	19.660507	3646.458892	1379.356188	0	5025.537985	5025.81508
25	44.844622	21.62546	4027.381775	1515.471243	0	5542.801536	5542.853018
26	47.87184	24.299268	4421.850299	1666.17618	0	6087.935003	6088.026479
27	49.928403	25.906359	4794.170881	1827.893749	0	6621.969969	6622.064629
28	53.153154	27.890583	5138.966256	1989.281103	0	7128.075388	7128.247359
29	57.330948	30.877745	5433.048397	2154.462917	0	7587.4874	7587.511314
30	59.960009	32.976714	5778.930143	2326.288699	0	8105.125309	8105.218843
31	62.578367	36.455794	6281.859146	2511.62219	0	8793.1783	8793.481337
32	68.026938	42.298784	6836.053103	2726.091356	0	9561.62408	9562.144459
33	72.870475	47.361486	7387.952365	2962.923443	0	10350.65713	10350.87581
34	75.495075	52.201556	7978.353109	3219.447241	0	11197.65302	11197.80035
35	79.02881	55.938692	8614.023933	3491.821441	0	12105.29461	12105.84537
36	81.213639	58.895982	9285.905902	3776.865648	0	13062.24122	13062.77155
37	84.428811	62.268901	9982.481245	4073.110385	0	14055.3253	14055.59163
38	93.08676	65.25652	10677.30725	4383.022545	0	15059.66115	15060.3298
39	96.52581	68.562433	11353.35244	4703.942636	0	16056.64395	16057.29508
40	101.851119	72.215639	12006.06005	5028.155672	0	17033.35235	17034.21572
41	107.707753	77.38916	12618.36746	5366.344503	0	17984.19049	17984.71196
42	112.695485	82.308225	13195.25314	5714.960205	0	18909.57324	18910.21334
43	118.316851	86.506485	13744.96009	6069.275212	0	19812.81249	19814.2353
44	123.114906	90.622745	14490.30805	6432.844342	0	20921.41324	20923.15239
45	131.501038	96.912462	15681.08386	6830.06608	0	22510.66693	22511.14994
46	141.001528	105.751782	17135.3672	7290.54707	0	24425.06273	24425.91427
47	151.838472	115.561093	18633.40948	7813.674	0	26445.76314	26447.08348

续表

时间 /h	地面积水面积 /km²	渗漏面积 /km²	地面水体体积 /亿 m³	渗漏水体体积 /亿 m³	出流体积 /亿 m³	来流体积 /亿 m³	计算总体积 /亿 m³
48	167.953742	124.862896	20222.63558	8380.262281	0	28600.92966	28602.89786
49	187.240491	139.364427	21867.72113	9011.387776	0	30877.91108	30879.10891
50	205.099958	156.490654	23684.18093	9715.012268	0	33397.51899	33399.1932
51	227.682765	176.914668	25961.19962	10516.06992	0	36474.54843	36477.26954
52	251.143376	198.20304	28362.80283	11419.00858	0	39779.23319	39781.81141
53	268.687474	218.540272	30377.79076	12403.27902	0	42778.94024	42781.06978
54	282.174354	233.81103	32041.21518	13423.84034	0.214178	45463.47748	45465.2697
55	290.633646	244.73016	33405.11311	14444.24868	55.354779	47901.93562	47904.71656
56	297.277956	250.435927	34502.61967	15442.36003	166.756196	50110.26003	50111.73589
57	303.868851	255.659801	35347.04318	16403.43668	333.028255	52080.52939	52083.50811
58	307.44616	260.268977	35991.26336	17325.95804	547.577663	53863.46663	53864.79907
59	313.954775	264.352359	36491.31952	18210.25163	802.142872	55502.35678	55503.71402
60	320.230098	270.842104	36835.57156	19083.05686	1092.672124	57008.19046	57011.30054
61	325.230773	276.104355	37061.66793	19938.3997	1416.974091	58414.38653	58417.04172
62	334.275309	280.916855	37210.75342	20770.67778	1767.176625	59746.25925	59748.60783
63	340.51332	287.791855	37286.11284	21587.11823	2136.152802	61006.98772	61009.38387
64	344.430367	293.416855	37274.23121	22399.80902	2531.206551	62203.60476	62205.24678
65	347.031799	297.420135	37191.77226	23190.77348	2962.780028	63343.01365	63345.32577
66	349.496352	300.138396	37051.62375	23951.8606	3428.879873	64430.87128	64432.36422
67	351.344522	302.560977	36871.87721	24681.49916	3920.608616	65471.3193	65473.98498
68	352.440601	303.998477	36659.83555	25377.99255	4431.97876	66468.07156	66469.80686
69	353.062866	304.623477	36435.90478	26038.0963	4957.595028	67429.26776	67431.59611
70	353.980512	305.873477	36205.13611	26663.51274	5492.882718	68359.38591	68361.53157
71	355.432987	306.560977	35967.85187	27260.4318	6034.745449	69261.4647	69263.02912
72	356.446209	307.435977	35725.30509	27829.23696	6581.837495	70134.55999	70136.37955
73	357.083104	308.066016	35483.72103	28358.90036	7134.805145	70976.00152	70977.42653
74	357.71142	308.565806	35266.05487	28831.67776	7691.360834	71787.53094	71789.09346
75	358.195884	308.878306	35075.85478	29245.1191	8249.404567	72568.17023	72570.37844
76	358.467599	309.128306	34899.86072	29605.66956	8807.494009	73311.7555	73313.0243

时间 /h	地面积水面积 /km²	渗漏面积 /km²	地面水体体积 /亿 m³	渗漏水体体积 /亿 m³	出流体积 /亿 m³	来流体积 /亿 m³	计算总体积 /亿 m³
77	358.790048	309.315806	34740.21866	29914.36899	9364.622602	74016.51663	74019.21025
78	361.091104	309.815806	34580.46051	30186.43713	9919.958787	74685.13269	74686.85642
79	361.693484	310.065806	34417.11648	30430.72283	10473.69922	75318.89662	75321.53854
80	361.918205	310.503306	34248.38467	30655.13255	11027.13017	75929.27539	75930.64739
81	362.318444	310.753306	34080.57575	30863.57494	11581.51736	76523.48077	76525.66805
82	362.559065	311.003306	33906.36922	31053.60661	12137.96227	77095.4722	77097.9381
83	363.075551	311.190806	33721.92615	31226.09738	12697.31448	77643.1331	77645.33801
84	363.157489	311.378306	33529.20446	31381.8018	13260.22012	78169.89897	78171.22638
85	363.507928	311.503306	33332.52615	31521.93977	13827.01112	78679.38349	78681.47703
86	363.634335	311.503306	33132.19605	31648.33756	14397.71364	79177.22631	79178.24726
87	363.977607	311.753306	32942.6894	31756.89158	14972.28638	79668.794	79671.86737
88	364.782037	311.940806	32758.70347	31842.55572	15550.81147	80150.6041	80152.07067
89	364.778786	312.128306	32578.11255	31910.6282	16132.71668	80619.82401	80621.45744
90	365.050257	312.190806	32402.70827	31964.62462	16716.43074	81082.14302	81083.76363
91	365.454354	312.440806	32240.97822	32010.10161	17300.41054	81549.3516	81551.49037
92	365.466074	312.628306	32099.69992	32050.01264	17884.63568	82032.28088	82034.34824
93	365.520569	312.628306	31987.46325	32085.06017	18468.32989	82539.00864	82540.85331
94	365.556642	312.628306	31918.48438	32115.62584	19050.35209	83082.57249	83084.46231
95	365.738973	312.690806	31902.05367	32142.43439	19629.69723	83670.88691	83674.18529
96	365.883094	312.878306	31943.83163	32166.81987	20205.58757	84313.68532	84316.23906
97	366.191281	313.128306	32014.68399	32190.6205	20777.53567	84981.1261	84982.84016
98	366.459017	313.128306	32065.96284	32216.31085	21344.77802	85624.49166	85627.05171
99	366.458197	313.193306	32096.95896	32242.42748	21906.60295	86244.03787	86245.98938
100	366.826699	313.318306	32121.38644	32268.5722	22462.55096	86850.76453	86852.50961
101	366.933074	313.443306	32141.79305	32294.33803	23012.55958	87447.48201	87448.69066
102	367.312467	313.630806	32155.30806	32321.46037	23556.80032	88031.9731	88033.56874
103	367.570714	313.880806	32157.64583	32351.3219	24095.53714	88602.23788	88604.50488
104	368.200691	314.005806	32148.17719	32382.90697	24629.17229	89158.92318	89160.25645
105	369.132915	314.833953	32128.17104	32417.2294	25158.16907	89702.53155	89703.56951

续表

时间 /h	地面积水面积 /km²	渗漏面积 /km²	地面水体体积 /亿 m³	渗漏水体体积 /亿 m³	出流体积 /亿 m³	来流体积 /亿 m³	计算总体积 /亿 m³
106	370.119667	315.857936	32098.68475	32454.0322	25683.0105	90233.56904	90235.72745
107	371.468795	316.995628	32058.57831	32492.40441	26204.15361	90752.32544	90755.13633
108	371.868299	317.849364	32006.53344	32533.33198	26721.99706	91259.98534	91261.86249
109	372.035108	318.149172	31947.75602	32575.88476	27236.81744	91758.12849	91760.45822
110	372.407727	318.228004	31881.8759	32618.99771	27748.55792	92247.56756	92249.43152
111	373.128886	318.749267	31811.79438	32661.5344	28257.00301	92728.91703	92730.33179
112	373.212778	319.124267	31737.66971	32704.94585	28762.07982	93202.66169	93204.69538
113	373.314482	319.374267	31658.57523	32748.33986	29263.93015	93669.28612	93670.84523
114	373.26413	319.436767	31576.39692	32791.16034	29762.91073	94128.30548	94130.46799
115	373.402306	319.561767	31488.97466	32833.39269	30259.30736	94579.16317	94581.6747
116	373.679922	319.624267	31395.34021	32875.06493	30753.27389	95021.8952	95023.67904
117	373.836918	319.874267	31300.1699	32916.17362	31244.85853	95459.03339	95461.20204
118	374.142946	320.061767	31200.44532	32956.8	31734.04007	95890.10962	95891.28538
119	374.100547	320.124267	31096.53609	32996.31688	32220.73201	96312.19894	96313.58498
120	374.094513	320.186767	30989.3735	33034.62617	32704.79047	96726.25563	96728.79013
121	374.187763	320.186767	30877.39638	33071.68471	33186.04668	97133.44949	97135.12778
122	374.177344	320.249267	30763.66311	33107.50951	33664.4104	97533.79835	97535.58303
123	374.180477	320.249267	30647.2301	33141.21905	34139.84541	97925.75761	97928.29456
124	374.438003	320.436767	30524.92922	33172.62356	34612.28176	98307.56712	98309.83454

表 4.7　　　　　　　　　　现状水量平衡后水量统计表

时间 /h	地面积水面积 /km²	渗漏面积 /km²	地面水体体积 /亿 m³	渗漏水体体积 /亿 m³	出流体积 /亿 m³	来流体积 /亿 m³	计算总体积 /亿 m³
1	7.274791	0.889392	7.954868	3.924355	0	11.879224	11.879224
2	8.168599	1.34514	25.715379	11.388928	0	37.104308	37.104308
3	9.550433	1.913812	43.296366	22.032589	0	65.328955	65.328955
4	10.362022	2.337899	67.435262	36.13832	0	103.573582	103.573582
5	11.426439	2.640311	106.63216	52.186744	0	158.818904	158.818904
6	12.04548	2.950007	161.311341	70.992638	0	232.303979	232.303979
7	14.748098	3.44255	229.823592	95.479566	0	325.303158	325.303158

时间 /h	地面积水面积 /km²	渗漏面积 /km²	地面水体体积 /亿 m³	渗漏水体体积 /亿 m³	出流体积 /亿 m³	来流体积 /亿 m³	计算总体积 /亿 m³
8	15.743826	3.987316	307.815823	123.824462	0	431.640285	431.640285
9	16.846624	4.410219	389.885918	155.256725	0	545.142643	545.142643
10	17.140214	4.8648	473.432754	191.102926	0	664.53568	664.53568
11	18.063639	5.397752	559.415182	229.148482	0	788.563665	788.563665
12	18.546291	5.835893	693.436084	271.711617	0	965.147701	965.147701
13	18.981617	6.633231	920.977583	321.204774	0	1242.182357	1242.182357
14	19.998395	7.488461	1220.755764	378.479913	0	1599.235677	1599.235677
15	22.190194	9.461856	1563.218712	452.70438	0	2015.923092	2015.923092
16	24.441803	11.095904	1883.727897	544.760365	0	2428.488261	2428.488261
17	27.652042	12.435683	2123.563691	649.646731	0	2773.210423	2773.210423
18	29.288897	13.346225	2330.859771	754.529066	0	3085.388838	3085.388838
19	30.320268	14.033317	2544.398712	855.904571	0	3400.303283	3400.303283
20	30.899873	14.460008	2748.378012	954.117442	0	3702.495455	3702.495455
21	31.373567	15.025384	2926.164813	1050.368998	0	3976.533811	3976.533811
22	36.010602	16.432564	3102.062199	1150.879686	0	4252.941885	4252.941885
23	40.611581	17.612672	3331.644873	1260.101311	0	4591.746184	4591.746184
24	43.221453	19.440512	3646.193573	1379.344412	0	5025.537985	5025.537985
25	44.783749	21.580986	4029.940326	1512.86121	0	5542.801536	5542.801536
26	47.415956	24.254355	4423.881923	1664.053079	0	6087.935003	6087.935003
27	50.16529	25.922028	4795.589076	1826.380893	0	6621.969969	6621.969969
28	53.301633	27.907864	5139.358257	1988.717131	0	7128.075388	7128.075388
29	57.311986	30.880306	5433.098061	2154.389339	0	7587.4874	7587.4874
30	59.92413	33.056615	5776.87225	2328.253059	0	8105.125309	8105.125309
31	62.623514	36.515939	6279.346591	2513.831709	0	8793.1783	8793.1783
32	67.769101	42.107811	6833.915586	2727.708493	0	9561.62408	9561.62408
33	72.621984	47.123377	7384.122671	2966.534461	0	10350.65713	10350.65713
34	75.562562	52.021015	7974.952939	3222.700082	0	11197.65302	11197.65302
35	79.076403	55.759631	8610.739831	3494.554778	0	12105.29461	12105.29461
36	81.51978	58.754985	9284.066275	3778.17494	0	13062.24122	13062.24122

时间 /h	地面积水面积 /km²	渗漏面积 /km²	地面水体体积 /亿 m³	渗漏水体体积 /亿 m³	出流体积 /亿 m³	来流体积 /亿 m³	计算总体积 /亿 m³
37	84.46596	62.313179	9982.211249	4073.114047	0	14055.3253	14055.3253
38	92.828351	65.196976	10677.31	4382.351157	0	15059.66115	15059.66115
39	96.304625	68.577603	11351.84994	4704.79401	0	16056.64395	16056.64395
40	101.523419	71.875466	12003.84232	5029.510039	0	17033.35235	17033.35235
41	107.512956	77.361066	12617.37935	5366.811134	0	17984.19049	17984.19049
42	113.306248	82.110049	13194.53606	5715.037178	0	18909.57324	18909.57324
43	119.019936	86.472037	13744.09503	6068.717462	0	19812.81249	19812.81249
44	123.417777	90.337608	14490.48843	6430.924813	0	20921.41324	20921.41324
45	130.201284	96.636605	15682.6832	6827.983726	0	22510.66693	22510.66693
46	140.216406	105.625469	17136.63669	7288.426037	0	24425.06273	24425.06273
47	151.53897	115.647836	18626.85623	7818.906908	0	26445.76314	26445.76314
48	167.600437	125.446332	20205.30655	8395.623106	0	28600.92966	28600.92966
49	182.890308	139.729408	21846.87821	9031.032871	0	30877.91108	30877.91108
50	200.357849	156.460726	23656.24808	9741.270909	0	33397.51899	33397.51899
51	218.687039	173.012969	25944.18696	10530.36147	0	36474.54843	36474.54843
52	243.838539	194.349165	28369.31067	11409.92252	0	39779.23319	39779.23319
53	262.245997	212.792062	30398.38986	12380.55038	0	42778.94024	42778.94024
54	274.690858	226.523742	32094.01106	13369.45609	0.010328	45463.47748	45463.47748
55	283.963067	238.277639	33495.40748	14360.76703	45.761112	47901.93562	47901.93562
56	290.713587	244.579304	34623.94177	15337.46467	148.853596	50110.26003	50110.26003
57	296.906205	250.081449	35491.69968	16282.95621	305.873495	52080.52939	52080.52939
58	305.661816	256.483563	36153.46474	17198.32258	511.679314	53863.46663	53863.46663
59	309.728525	263.15064	36645.18189	18097.29082	759.884071	55502.35678	55502.35678
60	316.806739	268.280355	36986.03646	18975.08768	1047.066315	57008.19046	57008.19046
61	325.673825	274.171113	37213.37499	19830.62097	1370.390563	58414.38653	58414.38653
62	330.158717	279.277637	37361.48974	20664.87934	1719.890181	59746.25925	59746.25925
63	334.397605	286.027637	37436.17351	21482.67525	2088.138963	61006.98772	61006.98772
64	337.234908	290.152828	37430.04789	22291.38551	2482.171364	62203.60476	62203.60476
65	340.69537	293.218607	37356.40785	23073.15239	2913.453405	63343.01365	63343.01365

时间/h	地面积水面积/km²	渗漏面积/km²	地面水体体积/亿 m³	渗漏水体体积/亿 m³	出流体积/亿 m³	来流体积/亿 m³	计算总体积/亿 m³
66	342.829023	295.499369	37228.48732	23822.08672	3380.297235	64430.87128	64430.87128
67	344.432655	297.35945	37060.95782	24536.75875	3873.602734	65471.3193	65471.3193
68	345.621314	298.98445	36865.11438	25215.85354	4387.103643	66468.07156	66468.07156
69	347.440589	300.17195	36654.39239	25859.77602	4915.099355	67429.26776	67429.26776
70	347.923998	301.29695	36435.10018	26471.3931	5452.892637	68359.38591	68359.38591
71	349.432086	302.04695	36209.83475	27054.18032	5997.449633	69261.4647	69261.4647
72	349.742086	302.54695	35979.50649	27607.36795	6547.685551	70134.55999	70134.55999
73	352.803382	303.17195	35759.13158	28112.82542	7104.04452	70976.00152	70976.00152
74	354.050882	303.98445	35561.60168	28562.02959	7663.899674	71787.53094	71787.53094
75	355.240428	304.42195	35382.31623	28960.75723	8225.096764	72568.17023	72568.17023
76	356.356488	305.10945	35215.18197	29310.31816	8786.255375	73311.7555	73311.7555
77	356.985532	305.67195	35051.40085	29618.67766	9346.438114	74016.51663	74016.51663
78	357.655882	306.29695	34887.60112	29892.70469	9904.82688	74685.13269	74685.13269
79	358.287792	306.98445	34715.72698	30141.87339	10461.29626	75318.89662	75318.89662
80	358.666931	307.48445	34540.07498	30372.95889	11016.24151	75929.27539	75929.27539
81	358.712809	307.85945	34365.7189	30587.80201	11569.95986	76523.48077	76523.48077
82	359.100543	308.29695	34187.86628	30784.69099	12122.91493	77095.4722	77095.4722
83	359.473583	308.54695	34002.4709	30964.32878	12676.33342	77643.1331	77643.1331
84	359.670422	308.85945	33811.49406	31126.67059	13231.73431	78169.89897	78169.89897
85	359.980528	309.17195	33618.46148	31270.73578	13790.18624	78679.38349	78679.38349
86	360.158021	309.17195	33437.84129	31387.21099	14352.17404	79177.22631	79177.22631
87	360.700062	309.48445	33272.2711	31478.5231	14917.99981	79668.794	79668.794
88	361.105223	309.67195	33109.28132	31553.629	15487.69378	80150.6041	80150.6041
89	361.239927	309.73445	32940.13673	31619.03688	16060.6504	80619.82401	80619.82401
90	361.790476	309.73445	32770.60653	31675.55692	16635.97957	81082.14302	81082.14302
91	362.176624	309.92195	32612.55814	31723.73183	17213.06162	81549.3516	81549.3516
92	362.151877	310.10945	32474.72024	31766.76338	17790.79726	82032.28088	82032.28088
93	362.285391	310.17195	32366.70836	31804.18737	18368.11291	82539.00864	82539.00864
94	362.434554	310.17195	32302.2304	31836.38149	18943.9606	83082.57249	83082.57249

时间 /h	地面积水面积 /km²	渗漏面积 /km²	地面水体体积 /亿 m³	渗漏水体体积 /亿 m³	出流体积 /亿 m³	来流体积 /亿 m³	计算总体积 /亿 m³
95	362.48757	310.23445	32288.03302	31865.4123	19517.44159	83670.88691	83670.88691
96	362.54999	310.42195	32334.46799	31891.46338	20087.75395	84313.68532	84313.68532
97	362.796983	310.73445	32409.96238	31916.92135	20654.24237	84981.1261	84981.1261
98	363.171573	310.79695	32463.84286	31944.43956	21216.20923	85624.49166	85624.49166
99	363.058759	310.92195	32498.45306	31972.50192	21773.08289	86244.03787	86244.03787
100	363.352172	311.04695	32525.707	32000.47331	22324.58422	86850.76453	86850.76453
101	363.679366	311.23445	32548.7562	32028.07838	22870.64743	87447.48201	87447.48201
102	363.80924	311.35945	32563.40743	32057.22682	23411.33885	88031.9731	88031.9731
103	363.99128	311.67195	32567.08195	32088.24553	23946.9104	88602.23788	88602.23788
104	364.486061	311.79695	32560.13805	32120.99671	24477.78841	89158.92318	89158.92318
105	365.486323	312.625098	32541.78792	32156.29648	25004.44715	89702.53155	89702.53155
106	366.582512	313.58658	32512.57992	32193.61518	25527.37394	90233.56904	90233.56904
107	367.837158	314.849272	32472.69929	32232.67159	26046.95457	90752.32544	90752.32544
108	368.321193	315.453008	32422.05979	32274.42115	26563.5044	91259.98534	91259.98534
109	368.628985	315.815317	32363.14513	32317.80756	27077.1758	91758.12849	91758.12849
110	368.996267	315.894148	32298.44804	32361.35486	27587.76466	92247.56756	92247.56756
111	369.614785	316.352912	32229.44036	32404.39601	28095.08066	92728.91703	92728.91703
112	369.730077	316.727912	32155.30122	32448.34161	28599.01886	93202.66169	93202.66169
113	369.812415	317.040412	32076.90636	32492.59307	29099.78669	93669.28612	93669.28612
114	369.809726	317.102912	31994.55247	32536.05869	29597.69433	94128.30548	94128.30548
115	369.9032	317.290412	31907.62519	32578.59799	30092.93998	94579.16317	94579.16317
116	370.041537	317.290412	31815.31924	32620.94829	30585.62767	95021.8952	95021.8952
117	370.365697	317.540412	31720.64542	32662.56803	31075.81995	95459.03339	95459.03339
118	370.62658	317.727912	31622.83572	32703.75626	31563.51763	95890.10962	95890.10962
119	370.554464	317.852912	31519.96126	32743.57359	32048.66409	96312.19894	96312.19894
120	370.863222	317.915412	31412.98438	32782.14604	32531.12522	96726.25563	96726.25563
121	370.787505	317.977912	31303.21937	32819.44699	33010.78313	97133.44949	97133.44949
122	371.08702	318.040412	31190.55632	32855.65814	33487.58389	97533.79835	97533.79835
123	371.166023	318.040412	31074.48115	32889.80008	33961.47639	97925.75761	97925.75761
124	371.287517	318.227912	30953.66523	32921.58582	34432.31607	98307.56712	98307.56712

　　由表 4.6 可以看出模式修正前第 1h 时来流体积与计算所得的总体积无明显差别，随着计算时间的增长，来流体积与计算总体积开始逐步出现较大的偏差，至计算到 124h 时计算总体积比来流体积多出约 2.27 亿 m^3 的水量，与前文提出的因将负值水深强制为零带来虚假流动的理论相吻合；而表 4.7 是将模式进行改进后计算的结果，可以看出自初始时刻至模型计算时间结束，整个模型的来流体积与计算总体积基本是对等的，说明对模型进行修正后在水量计算上精度得到大幅度的提高，具有一定的参考价值。

第 5 章

风暴潮水动力学数学
模型的建立

风暴潮灾害是沿海国家和地区最主要的自然灾害之一。改革开放以来，我国沿海地区的发展水平远远高于内地，已成为我国经济最发达、人口最稠密、资产最集中的地区。在所有的海洋灾害中，对我国影响最大、发生频次最高、造成经济损失最严重的是风暴潮。作为风暴发生频率最高、损失最严重的国家之一，对风暴潮物理机制、发生规律、预报方法开展研究，具有重要的现实意义。

由于研究的海域范围通常在上百千米，而垂直高度仅为十米量级，流速在垂直方向的变化远小于水平方向上的变化，因此一般都近似地采用沿水深方向积分取平均，得到在风应力作用下沿水深积分平均的平面二维风暴潮数学模型控制方程。

在平面二维风暴潮数学模型控制方程简化过程中，通常采用以下基本假定和近似。

1. 均质不可压假定

海区水体受径流、盐度、温度、含沙量等影响，其密度略有变化，本书暂不考虑其密度变化，仍假定密度为常数。

2. 静水压假定

在海区浅水域，垂线加速度远小于重力加速度，因此在垂向动量方程中往往忽略垂向加速度而近似采用静水压强公式。

3. Boussinesq 假定

将紊动应力类比于黏性应力建立起紊动应力与时均流速梯度之间关系式为

$$-\rho\overline{u_i'u_j'}=\mu_i\left(\frac{\partial u_i}{\partial x_j}+\frac{\partial u_j}{\partial x_i}\right) \tag{5.1}$$

5.1 基本方程

坐标示意图如图 5.1 所示。

根据本书关于平面二维数学模型基本控制方程的推导思路，将三维流动的基本方程沿水深积分并取平均的方法，从而获得平面二维数学模型的控制方程。

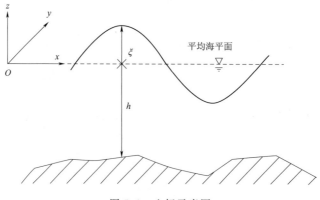

图 5.1　坐标示意图

1. 连续方程

$$\frac{1}{H}\int_{-h}^{\xi}\frac{\partial u}{\partial x}\mathrm{d}z + \frac{1}{H}\int_{-h}^{\xi}\frac{\partial v}{\partial y}\mathrm{d}z + \frac{1}{H}\int_{-h}^{\xi}\frac{\partial w}{\partial z}\mathrm{d}z = 0 \tag{5.2}$$

式中　h——水底高程；

ξ——自由面水位，$H = h + \xi$。

沿水深平均的连续方程为

$$\frac{\partial H}{\partial t} + \frac{\partial (H\overline{u})}{\partial x} + \frac{\partial (H\overline{v})}{\partial y} = q \tag{5.3}$$

其中，$q = q_s - q_b$，表示水面和水底总的源汇项。由于风暴潮计算的是近海区域的潮流场，因此将式（5.3）中的源汇项 q 取为 0。

2. 运动方程

$$\frac{1}{H}\int_{-h}^{\xi}\frac{\partial u}{\partial t}\mathrm{d}z + \frac{1}{H}\int_{-h}^{\xi}\frac{\partial (uu)}{\partial x}\mathrm{d}z + \frac{1}{H}\int_{-h}^{\xi}\frac{\partial (uv)}{\partial y}\mathrm{d}z + \frac{1}{H}\int_{-h}^{\xi}\frac{\partial (uw)}{\partial z}\mathrm{d}z$$

$$= -\frac{1}{\rho}\frac{1}{H}\int_{-h}^{\xi}\frac{\partial p}{\partial x}\mathrm{d}z + \frac{1}{\rho}\frac{1}{h}\int_{-h}^{\xi}\left(\frac{\partial \tau_{xx}}{\partial x} + \frac{\partial \tau_{yx}}{\partial y} + \frac{\partial \tau_{zx}}{\partial z}\right)\mathrm{d}z \tag{5.4}$$

则 x 方向的动量方程为

$$\frac{\partial (H\overline{u})}{\partial t} + \frac{\partial (H\overline{u}\,\overline{u})}{\partial x} + \frac{\partial (H\overline{u}\,\overline{v})}{\partial y}$$

$$= -gH\frac{\partial \xi}{\partial x} + \frac{1}{\rho}\left[\frac{\partial (H\overline{\tau_{xx}})}{\partial x} + \frac{\partial (H\overline{\tau_{yx}})}{\partial y}\right] + \frac{1}{\rho}(\tau_{zxs} - \tau_{zxb}) - H\frac{1}{\rho}\frac{\partial p_0}{\partial x} \tag{5.5}$$

同理，y 方向沿水深平均的动量方程为

$$\frac{\partial(H\bar{v})}{\partial t}+\frac{\partial(H\bar{u}\,\bar{v})}{\partial x}+\frac{\partial(H\bar{v}\,\bar{v})}{\partial y}$$

$$=-gH\frac{\partial\xi}{\partial y}+\frac{1}{\rho}\left[\frac{\partial(H\overline{\tau_{xy}})}{\partial x}+\frac{\partial(H\overline{\tau_{yy}})}{\partial y}\right]+\frac{1}{\rho}(\tau_{zys}-\tau_{zyb})-H\frac{1}{\rho}\frac{\partial p_0}{\partial y} \tag{5.6}$$

式中　τ_{zxb}、τ_{zyb}——水底摩阻在 x 和 y 方向的分量；

　　　τ_{zxs}、τ_{zys}——水面风应力，为本书风暴潮模拟中海面作用的主要应力。

其中根据谢才假设，有 $\tau_{zxb}=\rho g\dfrac{u\sqrt{u^2+v^2}}{C^2}$，$\tau_{zyb}=\rho g\dfrac{v\sqrt{u^2+v^2}}{C^2}$。$C$ 为谢才系数，$C=\dfrac{h^{1/6}}{n}$，n 为糙率。此外，潮流还将受到 Coriolis 力的影响，因此运动方程中还应加入柯氏力项，于是得到风暴潮模拟应用的基本方程。

式（5.5）和式（5.6）中 $\dfrac{1}{\rho}\left[\dfrac{\partial(H\overline{\tau_{xy}})}{\partial x}+\dfrac{\partial(H\overline{\tau_{yy}})}{\partial y}\right]$ 为黏性项，可以由本构方程确定。且由于水流速较小，可将运动方程中的黏性项忽略不计。

连续方程为

$$\frac{\partial\xi}{\partial t}+\frac{\partial}{\partial x}\left[(\xi+h)u\right]+\frac{\partial}{\partial y}\left[(\xi+h)v\right]=0 \tag{5.7}$$

运动方程为

$$\frac{\partial u}{\partial t}+u\frac{\partial u}{\partial x}+v\frac{\partial u}{\partial y}-fv+g\frac{\partial\xi}{\partial x}+\frac{gu\sqrt{u^2+v^2}}{(\xi+h)C^2}-\frac{1}{\rho H}\tau_{x,s}+\frac{1}{\rho}\frac{\partial p_0}{\partial x}=0 \tag{5.8}$$

$$\frac{\partial v}{\partial t}+u\frac{\partial v}{\partial x}+v\frac{\partial v}{\partial y}+fu+g\frac{\partial\xi}{\partial y}+\frac{gv\sqrt{u^2+v^2}}{(\xi+h)C^2}-\frac{1}{\rho H}\tau_{y,s}+\frac{1}{\rho}\frac{\partial p_0}{\partial y}=0 \tag{5.9}$$

式中　　　ξ——增水位，$H=h+\xi$；

　　　　　f——柯氏系数；

　　　　　g——重力加速度；

　　$\tau_{x,s}$、$\tau_{y,s}$——x 和 y 方向的海面风应力；

　　　　　C——谢才系数；

　　u、v——x 和 y 方向的深度平均流速，其中，$u=\dfrac{1}{\xi+h}\int_{-h}^{\xi}u\mathrm{d}z$，$v=\dfrac{1}{\xi+h}\int_{-h}^{\xi}v\mathrm{d}z$；

$\dfrac{1}{\rho}\dfrac{\partial p_0}{\partial x}$ 与 $\dfrac{1}{\rho}\dfrac{\partial p_0}{\partial y}$——$x$ 和 y 方向的大气压力项。

定解条件如下

（1）岸边界：$v_n=0$（n 为边界法线方向）。

（2）水边界：$\dfrac{\partial v}{\partial n}=0$；$\xi=\xi^{*}$。

（3）初始条件：当 $t=0$ 时，$\xi=0$，$u=v=0$。

5.2　差分方程的推导

本书对潮流场的数值模拟采用 ADI 法。该方法是一种显隐交替使用的有限差分格式，其特点是将一个时间步长分成两个半步长计算，在前半时间步长内，联立运动方程 u 分量方程和连续方程，在 x 方向采用隐式差分求解 ξ 和 u，y 方向采用显式差分求解 v；在后半步长内联立运动方程 v 分量方程和连续方程，在 y 方向采用隐式差分求解 ξ 和 v，x 方向采用显式差分求解 u。这样反复运用显隐交替的方法运算便能算出每个时间步长上各点的 x 和 y 方向的流速和水深。

5.2.1　网格的定义

差分的交错网格为正方形网格，网格线分别平行于 x 轴和 y 轴，间距为 $\Delta x=\Delta y=\Delta s$。如图 5.2 所示，○表示 ξ 及 c 的位置，×表示 h 的位置，$|$ 表示 u 的位置，—表示 v 的位置。

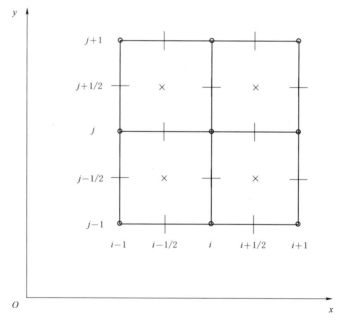

图 5.2　ADI 法网格示意图

5.2.2 方程的离散

为了简化下面的差分表达式，将使用的运算符号定义如下：

$$F_{i,j}^{(k)} = F(i\Delta x, j\Delta y, k\Delta t)$$

$$\Delta x = \Delta y = \Delta s$$

其中，$i = 0, \pm\frac{1}{2}, \pm 1, \pm\frac{3}{2}, \cdots$；$j = 0, \pm\frac{1}{2}, \pm 1, \pm\frac{3}{2}, \cdots$；$k = 0, \frac{1}{2}$，$1, \frac{3}{2}, 2, \cdots$；$\overline{F}_{i+\frac{1}{2},j}^x = \frac{1}{2}(F_{i,j} + F_{i+1,j})$；$\overline{F}_{i,j+\frac{1}{2}}^y = \frac{1}{2}(F_{i,j} + F_{i,j+1})$；$F_x = F_{i,j} - F_{i-1,j}$，在 $\left(i-\frac{1}{2}, j\right)$ 点；$F_y = F_{i,j} - F_{i,j-1}$，在 $\left(i, j-\frac{1}{2}\right)$ 点；$\overline{\overline{F}}_{i+\frac{1}{2},j+\frac{1}{2}} = \frac{1}{4}(F_{i,j} + F_{i,j+1} + F_{i+1,j} + F_{i+1,j+1})$；$\left|\frac{\partial u}{\partial x}\right|_{i+\frac{1}{2},j} = \frac{1}{2\Delta s}(u_{i+\frac{3}{2},j} - u_{i-\frac{1}{2},j})$；$\left|\frac{\partial u}{\partial y}\right|_{i+\frac{1}{2},j} = \frac{1}{2\Delta s}(u_{i+\frac{1}{2},j+1} - u_{i+\frac{1}{2},j-1})$；$\left|\frac{\partial v}{\partial x}\right|_{i,j+\frac{1}{2}} = \frac{1}{2\Delta s}(v_{i+1,j+\frac{1}{2}} - v_{i-1,j+\frac{1}{2}})$；$\left|\frac{\partial v}{\partial y}\right|_{i,j+\frac{1}{2}} = \frac{1}{2\Delta s}(v_{i,j+\frac{3}{2}} - v_{i,j-\frac{1}{2}})$。

$k\Delta t \to \left(k+\frac{1}{2}\right)\Delta t$ 时间段内，式（5.7）在点 (i, j) 上对 ξ、u 隐式求解，对 v 显式求解有

$$\frac{\xi_{i,j}^{k+\frac{1}{2}} - \xi_{i,j}^k}{\frac{1}{2}\Delta t} + \frac{1}{\Delta s}(u_{i+\frac{1}{2},j}^{k+\frac{1}{2}} - u_{i-\frac{1}{2},j}^{k+\frac{1}{2}})(\overline{h}^y + \overline{\xi}^{x(k)}) + \frac{1}{\Delta s}(v_{i,j+\frac{1}{2}}^k - v_{i,j-\frac{1}{2}}^k)(\overline{h}^x + \overline{\xi}^{y(k)}) = 0$$

整理后得

$$\xi^{(k+\frac{1}{2})} = \xi^{(k)} - \frac{1}{2}\frac{\Delta t}{\Delta s}[(\overline{h}^y + \overline{\xi}^{x(k)})u^{k+\frac{1}{2}}]_x - \frac{1}{2}\frac{\Delta t}{\Delta s}[(\overline{h}^x + \overline{\xi}^{y(k)})v^{(k)}]_y \quad (5.10)$$

式（5.8）在点 $\left(i+\frac{1}{2}, j\right)$ 上对 ξ、u 隐式求解，对 v 显式求解有

$$\frac{u_{i+\frac{1}{2},j}^{k+\frac{1}{2}} - u_{i+\frac{1}{2},j}^k}{\frac{1}{2}\Delta t} + u_{i+\frac{1}{2},j}^{k+\frac{1}{2}} \cdot \frac{u_{i+\frac{3}{2},j}^k - u_{i-\frac{1}{2},j}^k}{2\Delta s} + \frac{1}{4}(v_{i,j-\frac{1}{2}}^k + v_{i,j+\frac{1}{2}}^k + v_{i+1,j-\frac{1}{2}}^k + v_{i+1,j+\frac{1}{2}}^k) \cdot$$

$$\frac{u_{i+\frac{1}{2},j+1}^k - u_{i+\frac{1}{2},j-1}^k}{2\Delta s} - f\overline{\overline{v}}^{(k)} + g\frac{\xi_{i+1,j}^{k+\frac{1}{2}} - \xi_{i,j}^{k+\frac{1}{2}}}{\Delta s} +$$

$$\frac{gu_{i+\frac{1}{2},j}^k\sqrt{(u_{i+\frac{1}{2},j}^k)^2 + (\overline{\overline{v}}^{(k)})^2}}{\left[\frac{1}{2}(\xi_{i,j}^k + \xi_{i+1,j}^k) + \frac{1}{2}(h_{i+\frac{1}{2},j-\frac{1}{2}} + h_{i+\frac{1}{2},j+\frac{1}{2}})\right]\left[\frac{1}{2}(C_{i+1,j} + C_{i,j})\right]^2} -$$

$$\frac{\frac{1}{2}(\tau^k_{(x)i,j}+\tau^k_{(x)i+1,j})}{\rho\cdot\left[\frac{1}{2}(\xi^k_{i,j}+\xi^k_{i+1,j})+\frac{1}{2}(h_{i+\frac{1}{2},j-\frac{1}{2}}+h_{i+\frac{1}{2},j+\frac{1}{2}})\right]}=0$$

经简化整理得

$$u^{(k+\frac{1}{2})}=u^{(k)}+\frac{1}{2}\Delta tf\overline{\overline{v}}^{(k)}-\frac{1}{2}\Delta tu^{(k+\frac{1}{2})}\left\langle\frac{\partial u^{(k)}}{\partial x}\right\rangle_{i+\frac{1}{2},j}-\frac{1}{2}\Delta t\overline{\overline{v}}^{(k)}\left\langle\frac{\partial u^{(k)}}{\partial y}\right\rangle_{i+\frac{1}{2},j}-$$

$$\frac{1}{2}\frac{\Delta t}{\Delta s}g\xi_x^{(k+\frac{1}{2})}-\frac{1}{2}\Delta tgu^{(k)}\frac{\sqrt{(u^{(k)})^2+(\overline{\overline{v}}^{(k)})^2}}{(\overline{h}^y+\overline{\xi}^{x(k)})(\overline{C}^x)^2}+\frac{1}{2}\Delta t\frac{\overline{\tau}^{x(k)}_{(x)}}{\rho(\overline{h}^y+\overline{\xi}^{x(k)})}$$

$$\tag{5.11}$$

式（5.9）在点$\left(i,\ j+\frac{1}{2}\right)$上对$\xi$、$u$隐式求解，对$v$显式求解有

$$\frac{v^{k+\frac{1}{2}}_{i,j+\frac{1}{2}}-v^k_{i,j+\frac{1}{2}}}{\frac{1}{2}\Delta t}+\overline{u}^{k+\frac{1}{2}}\left\langle\frac{\partial v^{(k)}}{\partial x}\right\rangle_{i,j+\frac{1}{2}}+v^{k+\frac{1}{2}}\left\langle\frac{\partial v^{(k)}}{\partial y}\right\rangle_{i,j+\frac{1}{2}}+f\overline{u}^{k+\frac{1}{2}}+\frac{g\xi^k_y}{\Delta s}+$$

$$\frac{gv^{k+\frac{1}{2}}\sqrt{(\overline{u}^{(k+\frac{1}{2})})^2+(v^{(k)})^2}}{\left[\frac{1}{2}(\xi^k_{i,j}+\xi^k_{i,j+1})+\frac{1}{2}(h_{i-\frac{1}{2},j+\frac{1}{2}}+h_{i+\frac{1}{2},j+\frac{1}{2}})\right]\left[\frac{1}{2}(C_{i,j}+C_{i,j+1})\right]^2}-$$

$$\frac{\frac{1}{2}(\tau^k_{(y)i,j}+\tau^k_{(y)i,j+1})}{\rho\cdot\left[\frac{1}{2}(\xi^k_{i,j}+\xi^k_{i,j+1})+\frac{1}{2}(h_{i-\frac{1}{2},j+\frac{1}{2}}+h_{i+\frac{1}{2},j+\frac{1}{2}})\right]}=0$$

经简化整理得

$$v^{(k+\frac{1}{2})}=v^{(k)}-\frac{1}{2}\Delta tf\overline{u}^{(k+\frac{1}{2})}-\frac{1}{2}\Delta t\overline{u}^{(k+\frac{1}{2})}\left[\frac{\partial v^{(k)}}{\partial x}\right]_{i,j+\frac{1}{2}}-\frac{1}{2}\Delta tv^{(k+\frac{1}{2})}\left[\frac{\partial v^{(k)}}{\partial y}\right]_{i,j+\frac{1}{2}}-$$

$$\frac{1}{2}\frac{\Delta t}{\Delta s}g\xi_y^{(k)}+\frac{1}{2}\Delta t\frac{\overline{\tau}^{y(k)}_{(y)}}{\rho(\overline{h}^x+\overline{\xi}^{y(k+\frac{1}{2})})}-\frac{1}{2}\Delta tgv^{(k+\frac{1}{2})}\frac{\sqrt{(\overline{u}^{(k+\frac{1}{2})})^2+(v^{(k)})^2}}{(\overline{h}^x+\overline{\xi}^{y(k+\frac{1}{2})})(\overline{C}^y)^2}$$

$$\tag{5.12}$$

同理，在$\left(k+\frac{1}{2}\right)\Delta t\rightarrow(k+1)\Delta t$时间段内，式（5.7）在点$(i,\ j)$上对$\xi$、$v$隐式求解，对$u$显式求解有

$$\xi^{(k+1)}=\xi^{(k+\frac{1}{2})}-\frac{1}{2}\frac{\Delta t}{\Delta s}[(\overline{h}^y+\overline{\xi}^{x(k+\frac{1}{2})})u^{k+\frac{1}{2}}]_x-\frac{1}{2}\frac{\Delta t}{\Delta s}[(\overline{h}^x+\overline{\xi}^{y(k+\frac{1}{2})})v^{(k+1)}]_y$$

$$\tag{5.13}$$

式（5.9）在点$\left(i,\ j+\frac{1}{2}\right)$上对$\xi$、$v$隐式求解，对$u$显式求解有

$$v^{(k+1)} = v^{\left(k+\frac{1}{2}\right)} - \frac{1}{2}\Delta t f \overline{\overline{u}}^{\left(k+\frac{1}{2}\right)} - \frac{1}{2}\Delta t \overline{\overline{u}}^{\left(k+\frac{1}{2}\right)} \left|\frac{\partial v}{\partial x}\right|_{i,j+\frac{1}{2}}^{\left(k+\frac{1}{2}\right)} - \frac{1}{2}\Delta t v^{(k+1)} \left|\frac{\partial v}{\partial y}\right|_{i,j+\frac{1}{2}}^{\left(k+\frac{1}{2}\right)} - $$

$$\frac{1}{2}\frac{\Delta t}{\Delta s}g\xi_y^{(k+1)} + \frac{1}{2}\Delta t \frac{\overline{\tau}_{(y)}^{y(k+1)}}{\rho(\overline{h}^x + \overline{\xi}^{y(k+1)})} - \frac{1}{2}\Delta t g v^{\left(k+\frac{1}{2}\right)} \frac{\sqrt{(\overline{\overline{u}}^{\left(k+\frac{1}{2}\right)})^2 + (v^{\left(k+\frac{1}{2}\right)})^2}}{(\overline{h}^x + \overline{\xi}^{y(k+1)})(\overline{C}^y)^2}$$

$$\tag{5.14}$$

式 (5.8) 在点 $\left(i+\dfrac{1}{2},\ j\right)$ 上对 ξ、v 隐式求解，对 u 显式求解有

$$u^{(k+1)} = u^{\left(k+\frac{1}{2}\right)} + \frac{1}{2}\Delta t f \overline{\overline{v}}^{(k+1)} - \frac{1}{2}\Delta t u^{(k+1)} \left|\frac{\partial u}{\partial x}\right|_{i+\frac{1}{2},j}^{\left(k+\frac{1}{2}\right)} - \frac{1}{2}\Delta t \overline{\overline{v}}^{(k+1)} \left|\frac{\partial u}{\partial y}\right|_{i+\frac{1}{2},j}^{\left(k+\frac{1}{2}\right)} - $$

$$\frac{1}{2}\Delta t g u^{(k+1)} \frac{\sqrt{(u^{\left(k+\frac{1}{2}\right)})^2 + (\overline{\overline{v}}^{(k+1)})^2}}{(\overline{h}^y + \overline{\xi}^{x(k+1)})(\overline{C}^x)^2} + \frac{1}{2}\Delta t \frac{\overline{\tau}_{(x)}^{x(k+1)}}{\rho(\overline{h}^y + \overline{\xi}^{x(k+1)})} - \frac{1}{2}\frac{\Delta t}{\Delta s}g\xi_x^{\left(k+\frac{1}{2}\right)}$$

$$\tag{5.15}$$

5.3 差分方程的求解

5.3.1 追赶法的建立

在 $k\Delta t \to \left(k+\dfrac{1}{2}\right)\Delta t$ 时间段内，

$$A_{i,j}^{(k)} = \xi^{(k)} - \frac{1}{2}\frac{\Delta t}{\Delta s}\left[(\overline{h}^x + \overline{\xi}^y)v\right]_y^{(k)} \tag{5.16}$$

$$B_{i+\frac{1}{2},j}^{(k)} = u_{i+\frac{1}{2},j}^{(k)} + \frac{1}{2}\Delta t f \overline{\overline{v}}^{(k)} - \frac{1}{2}\Delta t \overline{\overline{v}}^{(k)}\left[\frac{\partial u^{(k)}}{\partial y}\right]_{i+\frac{1}{2},j} - $$

$$\frac{1}{2}\Delta t g u_{i+\frac{1}{2},j}^{(k)} \frac{\sqrt{(u_{i+\frac{1}{2},j}^{(k)})^2 + (\overline{\overline{v}}^{(k)})^2}}{(\overline{h}^y + \overline{\xi}^{x(k)})(\overline{c}^x)^2} + \frac{\Delta t}{2}A_H\left\{\left[\frac{\partial^2 u^{(k)}}{\partial x^2}\right]_{i+\frac{1}{2},j} + \left[\frac{\partial^2 u^{(k)}}{\partial y^2}\right]_{i+\frac{1}{2},j}\right\}$$

$$\tag{5.17}$$

$$r_{i,j} = \frac{1}{2}\frac{\Delta t}{\Delta s}g \tag{5.18}$$

$$r_{i-\frac{1}{2},j} = \frac{1}{2}\frac{\Delta t}{\Delta s}(\overline{h}^y + \overline{\xi}^{x(k)})_{i-\frac{1}{2},j} \tag{5.19}$$

$$r'_{i+\frac{1}{2},j} = 1 + \frac{1}{2}\Delta t \left| \frac{\partial u^{(k)}}{\partial x} \right|_{i+\frac{1}{2},j} \tag{5.20}$$

将式（5.16）～式（5.20）代入式（5.10），有

$$-r_{i-\frac{1}{2},j}u^{(k+\frac{1}{2})}_{i-\frac{1}{2},j} + \xi^{(k+\frac{1}{2})}_{i,j} + r_{i+\frac{1}{2},j}u^{(k+\frac{1}{2})}_{i+\frac{1}{2},j} = A^{(k)}_{i,j} \tag{5.21}$$

将式（5.16）～式（5.20）代入式（5.11），有

$$-r_{i,j}\xi^{(k+\frac{1}{2})}_{i,j} + r'_{i+\frac{1}{2},j}u^{(k+\frac{1}{2})}_{i+\frac{1}{2},j} + r_{i,j}\xi^{(k+\frac{1}{2})}_{i+1,j} = B^{(k)}_{i+\frac{1}{2},j} \tag{5.22}$$

式（5.21）、式（5.22）的系数和自由项都是由 $k\Delta t$ 时刻的 u、v、ξ 所决定的，因而都是已知量，对于某一固定的 j，式（5.21）、式（5.22）组成了以 $u^{(k+\frac{1}{2})}_{i+\frac{1}{2},j}$ 和 $\xi^{(k+\frac{1}{2})}_{i,j}$ 为未知量的线性代数方程组，加上左右边界条件，就构成了一个完备的线性方程组，其系数矩阵呈三对角形。

分别从式（5.21）、式（5.22）中各消除一个未知数，导出递推关系式为

$$\xi^{(k+\frac{1}{2})}_{i,j} = -P_{i,j}u^{(k+\frac{1}{2})}_{i+\frac{1}{2},j} + Q_{i,j} \tag{5.23}$$

$$u^{(k+\frac{1}{2})}_{i-\frac{1}{2},j} = -R_{i-1,j}\xi^{(k+\frac{1}{2})}_{i,j} + S_{i-1,j} \tag{5.24}$$

式（5.16）和式（5.17）的系数变形成为

$$P_{i,j} = \frac{r_{i+\frac{1}{2},j}}{1 + r_{i-\frac{1}{2},j}R_{i-1,j}} \tag{5.25}$$

$$Q_{i,j} = \frac{A^{(k)}_{i,j} + r_{i-\frac{1}{2},j}S_{i-1,j}}{1 + r_{i-\frac{1}{2},j}R_{i-1,j}} \tag{5.26}$$

$$R_{i,j} = \frac{r_{i,j}}{r'_{i+\frac{1}{2},j} + r_{i,j}P_{i,j}} \tag{5.27}$$

$$S_{i,j} = \frac{B^{(k)}_{i+\frac{1}{2},j} + r_{i,j}Q_{i,j}}{r'_{i+\frac{1}{2},j} + r_{i,j}P_{i,j}} \tag{5.28}$$

对于每个固定的 j，在 x 轴方向上，随着 i 的增加分别求出 $P_{i,j}$、$Q_{i,j}$、$R_{i,j}$ 及 $S_{i,j}$，然后，随着 i 的减小，交替地使用式（5.17）和式（5.24），分别求出 $\xi^{(k+\frac{1}{2})}_{i,j}$ 和 $u^{(k+\frac{1}{2})}_{i-\frac{1}{2},j}$。

再根据式（5.12），在 y 轴方向上，对于每一个固定的 i，随着 j 的增加可以求出 $v^{(k+\frac{1}{2})}_{i,j+\frac{1}{2}}$。对于在 $\left(k+\frac{1}{2}\right)\Delta t \rightarrow (k+1)\Delta t$ 时间段内，推导完全类似，此处不再赘述。

5.3.2 边界条件的处理

下面以前半个时间段内 x 方向为例，说明左右开边界和闭边界的数学表达式处理。其中 IS 表示左边界右面的最小整数内点；IE 表示右边界左面的最大整数内点。

1. 左端闭边界

左端闭边界时，$\xi_{IS-1,j}^{k+\frac{1}{2}}=0$，$u_{IS-\frac{1}{2},j}^{k+\frac{1}{2}}=0$ 由式（5.23）可得

$$\xi_{IS,j}^{\left(k+\frac{1}{2}\right)}=-P_{IS,j}u_{IS+\frac{1}{2},j}^{\left(k+\frac{1}{2}\right)}+Q_{IS,j}$$

由式（5.21）和式（5.22）可以推出 $P_{IS,j}=r_{IS+\frac{1}{2},j}$，$Q_{IS,j}=A_{IS,j}^{\left(k+\frac{1}{2}\right)}$

则由式（5.24）可得

$$u_{IS-\frac{1}{2},j}^{\left(k+\frac{1}{2}\right)}=-R_{IS-1,j}\xi_{IS,j}^{\left(k+\frac{1}{2}\right)}+S_{IS-1,j}$$

推导结果如下：

$$\begin{cases} R_{IS-1,j}=0 \\ S_{IS-1,j}=0 \end{cases} \tag{5.29}$$

2. 左端开边界

在 $i=IS-1$ 的点上，强制水位为 $\xi_{IS-1,j}^{\left(k+\frac{1}{2}\right)}$。因边界处流速未知，故近似处理：

令 $v_{IS-1,j+\frac{1}{2}}=0$，$v_{IS-1,j-\frac{1}{2}}=0$，设边界上流速梯度 $\left(\dfrac{\partial u}{\partial x}\right)_{IS-\frac{1}{2},j}=0$，则式（5.11）化简为

$$u_{IS-\frac{1}{2},j}^{\left(k+\frac{1}{2}\right)}=B_{IS-\frac{1}{2},j}^{(k)}-\frac{1}{2}\frac{\Delta t}{\Delta s}g(\xi_{IS,j}^{\left(k+\frac{1}{2}\right)}-\xi_{IS-1,j}^{\left(k+\frac{1}{2}\right)})$$

而由式（5.24）得

$$u_{i-\frac{1}{2},j}^{\left(k+\frac{1}{2}\right)}=-R_{i-1,j}\xi_{i,j}^{\left(k+\frac{1}{2}\right)}+S_{i-1,j}$$

则

$$\begin{cases} R_{IS-1,j}=\dfrac{1}{2}\dfrac{\Delta t}{\Delta s}g \\ S_{IS-1,j}=B_{IS-\frac{1}{2},j}^{(k)}+\dfrac{1}{2}\dfrac{\Delta t}{\Delta s}g\xi_{IS-1,j}^{\left(k+\frac{1}{2}\right)} \end{cases} \tag{5.30}$$

3. 右端闭边界

右端闭边界时没有特别处理。

$$\begin{cases} \xi^{k+\frac{1}{2}}_{IE+1,j}=0 \\ u^{k+\frac{1}{2}}_{IE+\frac{1}{2},j}=0 \end{cases} \tag{5.31}$$

4. 右端开边界

在 $i=IE+1$ 的点上，强制水位为 $\xi^{\left(k+\frac{1}{2}\right)}_{IE+1,j}$。因边界处流速未知，故近似处理：令 $v_{IE+1,j+\frac{1}{2}}=0$，$v_{IE+1,j-\frac{1}{2}}=0$。同上述推导类似，得到

$$u^{\left(k+\frac{1}{2}\right)}_{IE+\frac{1}{2},j}=\frac{B^{(k)}_{IE+\frac{1}{2},j}+\frac{1}{2}\frac{\Delta t}{\Delta s}g\left(Q_{IE,j}-\xi^{\left(k+\frac{1}{2}\right)}_{IE+1,j}\right)}{1+\frac{1}{2}\frac{\Delta t}{\Delta s}gP_{IE,j}} \tag{5.32}$$

5.4　模型其他相关问题

影响风暴潮发展的因素包括：风、气压、波浪、潮流与海底的摩擦等。目前国内外学者在模拟风暴潮潮位与潮流的过程中，分别以上述多种因素耦合的风暴潮数学模型，并且多以风应力、气压、底摩擦应力作为主要的影响因子。他们主导了风暴潮的产生和发展，控制了风暴潮的主要轮廓，确定了风暴潮的量级。有研究表明在温带风暴潮过程中，气压场与波浪场较风应力场在渤海湾海域的影响有限，关于波浪辐射应力对风暴潮增水位的影响，部分学者认为在波浪与风暴潮的耦合模型中辐射应力对水位的影响是可以忽略的；本书根据建立的数学模型，将风应力、底摩擦应力与气压作为研究风暴潮的主要影响因子，对风暴潮进行数值模拟，并对模拟结果进行分析比较。

5.4.1　水边界条件的确定

一般风暴潮模型计算中需要对水边界条件进行处理，由于水—水边界潮位测量值有限，为了能够对区域内任意时刻潮位值、格点的潮水流速进行计算，本书采用调和分析方法对水—水边界潮位测量值进行拟合计算。

5.4.1.1　调和分析原理

海洋中的潮汐主要由月球和太阳对地球上海水的引潮力所致的振动。由于海洋地形及沿岸轮廓形状错综复杂，至今尚未能在理论上准确的计算出这种振动传波到岸边时的振幅和相位。潮汐的调和分析就是把月球等天体引起的复杂潮汐现象，分离成由许多假想天体相对于地球作匀速圆周运动而产生的潮汐（即分潮）之和，求出各个分潮的平均振幅和迟角，即调和常数。有了调和常数即可推算出未来任意时刻的潮汐。对于任意一个分潮的表达式为 $fH\cos(\sigma t + V_0 + u)$。其中，$f$、$u$ 分别表示月球轨道18.6年变化引进来的对平均振幅 H 和相角的订正值。由此看出，$\sigma t + V_0 + u = 0°$ 时发生高潮。事实上却并非如此，一般要落后一段时间才能发生高潮。因此为了符合实际情况，在相角中引入迟角 K'，则有 $fH\cos(\sigma t + V_0 + u - K')$。其中，$H$、$K'$ 为分潮的调和常数。一般来说，它们是由海区的深度、地形、沿岸外形等自然条件决定的，如果海区自然条件相对稳定，那么对不同时期观测资料的分析结果 H、K' 应该基本相同，在这个意义上称之为"常数"。因此潮汐调和分析的目的就是根据潮汐观测资料计算各个分潮的调和常数。

假想天体在天赤道面上绕地球作匀速圆周运动而产生的引潮力，表达式为

$$\zeta(t) = a_0 + \sum_{j=1}^{m} f_j H_j \cos\left[\sigma_j t + (V_0 + u)_j - g_j\right] \tag{5.33}$$

式中　a_0——从某基准面算起的平均海平面高度；

$\quad\quad f_j$——分潮的交点因子；

$\quad\quad u$——分潮交点订正角；

$\quad\quad V_0$——分潮相角；

$\quad\quad \sigma_j$——分潮角速度；

$V_0 + u$——分潮的天文初相角；

$\quad\quad t$——时间；

$\quad\quad j$——分潮的序号；

$\quad\quad m$——总的分潮数；

$\quad\quad H_j$——分潮的振幅；

$\quad\quad g_j$——分潮的专用迟角。

5.4.1.2　潮汐调和的最小二乘法

目前进行调和分析的方法很多，经典的潮汐分析方法主要的有达尔文法、Doodson方法、最小二乘法、富里埃法。最小二乘法具有比较大的灵活性，分析效果也较好。当潮汐资料做分析该方法较为常用。因此，本书采用最小二乘法计算各个分潮的

调和常数。

取计算所得的潮位为

$$\zeta'(t) = a_0 + \sum_{j=1}^{m} (a_j \cos\sigma_j t + b_j \sin\sigma_j t) \tag{5.34}$$

逼近实测的潮位 $\zeta(t)$，按最小二乘法原理，则

$$D = \int_{-\frac{T}{2}}^{\frac{T}{2}} [\zeta(t) - \zeta'(t)]^2 \mathrm{d}t \tag{5.35}$$

当 D 为最小时，以此来确定系量 a_j，b_j，则

$$D = \int_{-\frac{T}{2}}^{\frac{T}{2}} [\zeta(t) - a_0 - \sum_{j=1}^{m} (a_j \cos\sigma_j t + b_j \sin\sigma_j t)]^2 \mathrm{d}t \tag{5.36}$$

求 D 对 a_0，a_i，b_i 的偏导数，且令其等于零，得到指定分潮。

5.4.2　风场的模拟

5.4.2.1　风场的确定

风场是产生风暴潮的决定性因素，风暴潮数值计算必须给出计算域内每个格点上的风应力值，风暴潮模拟和预报结果的准确度，取决于风暴风场模式和气压场的质量。

本书采用第二代海浪预报模式计算风场。目前，国际上已发展到第三代海浪预报模式（WAM），但由于其对波—波相互作用、波—流相互作用、波浪破碎等物理机制描述的复杂性和不确定性较大，并且经试用后发现其对波浪的预报准确率低于第二代海浪预报模式，因而，第三代海浪预报模式一般多用于科学研究。

由于该模型建立在笛卡尔直角坐标系，因此，需将获得的经纬度坐标系下的风场数值转化为直角坐标。定义原点坐标为 ϕ_c 表示原点纬度；λ_c 表示原点经度；ϕ 表示任意点纬度；λ 表示任意经度；X 和 Y 表示相对原点坐标的位置。

根据经纬度转化式（5.37）～式（5.39），得

$$X = CY_a \tag{5.37}$$

$$Y_a = \left(\frac{B}{1+C^2}\right) \tag{5.38}$$

$$Y_a = \begin{cases} Y_c - Y & \phi > \phi_c \\ Y_c & \phi = \phi_c \\ Y_c + Y & \phi < \phi_c \end{cases} \tag{5.39}$$

其中：$C = \mathrm{tg}\left[\dfrac{k(\lambda - \lambda_c)}{57.29578}\right]$，$B = 11421.5736^2 \times \mathrm{tg}^{2k}\left(\dfrac{90 - \phi}{2 \times 57.29578}\right)$，$k =$

$0.715566816，Y_c = 11421.5736 \times \mathrm{tg}^k \left(\dfrac{90 - \phi}{2 \times 57.29578} \right)$。

将经纬度坐标系下的风场值转化为直角坐标系下的风场值，通过插值和计算得出格点上每小时风速大小。

5.4.2.2 风应力的计算

英国的海模式（Sea Model）代表着当今世界温带风暴潮预报技术的领先水平，1978 年用于开展预报工作。海模式是在 Heaps 二维线性模型的基础上发展起来的，一起计算，考虑到潮汐和风暴潮之间的相互作用，减去单独计算的潮汐获得风暴潮预报值，将预报值加到对应位置的准确潮汐预报上，得到总体水位的预报值。1982 年，与之相关联的大气模式由 10 层发展到 15 层；而用于计算纯天文潮的水边界值由 2 个分潮（M_2，S_2），增加到 6 个分潮（O_1，K_1，N_2，M_2，S_2，K_2）。同时为了考虑形成于陆架区边缘的风暴潮而扩大了模式的计算区域。

风暴潮计算必须在每个时间步长上给出海模式每个格点的风应力和气压梯度力。为此，王喜年（1991 年）基于从 10 层大气模式获得的海表面气压、风和气温，用三种方法对其进行计算。

（1）方法一：将 10 层模式格点上的海平面气压 P_a 内插到海模式的格点上，水平气压梯度力 ΔP_a 用简单的差值计算，随后导出地转风 W_g。海面风速值计算式为

$$|\vec{W}| = 0.56 |\vec{W_g}| + 0.24 \tag{5.40}$$

风速单位为 m/s，风的方向假定与等压线的交角为 20°。风应力值计算式为

$$\vec{\tau} = 0.125 C_D \vec{W} |\vec{W}| \tag{5.41}$$

风曳力系数 C_D 取值为

$$\begin{cases} 10^3 C_D = 0.564，|\vec{W}| \leqslant 4.917 \\ 10^3 C_D = -0.12 + 0.13 |\vec{W}|，4.917 \leqslant |\vec{W}| \leqslant 19.221 \\ 10^3 C_D = 2.513，|\vec{W}| \geqslant 19.221 \end{cases} \tag{5.42}$$

（2）方法二：考虑了大气稳定度。海面风速值计算式为

$$|\vec{W}| = a |\vec{W_g}| + b，a = 0.54 - 0.012 \Delta T_{a-s}，b = 1.68 - 0.105 \Delta T_{a-s} \tag{5.43}$$

式中　　T_a——海表面气温；

　　　　T_s——海表面温度，℃。

其中，$\Delta T_{a-s} = T_a - T_s$，风向与等压线的交角是 ΔT_{a-s} 的函数。T_a 在大气模式中是由 1000～900hPa 层的厚度估算的，T_s 取自气候图集（Ices，1962）。Duun-Christensen（1975）采用式（5.44）优于式（5.40）。

$$|\vec{W}| = a_2 \sqrt{a |\vec{W_g}| + b} + b_2，a_2 = 6.82，b_2 = -11 \tag{5.44}$$

（3）方法三：用于业务预报，具体做法是：将 10 层模式格点上的表面风分解为东分量和北分量，然后内插到海模式的格点上，采用 Findlater 等（1966）建立的表面风之间的关系，由 10 层模式 900hPa 的风导出。

三种方法中海模式格点上气压梯度 ΔP_a 的计算方法是一样的。在方法三中风曳力系数按式（5.42）计算，或按 Smith 和 Banke（1975）建立的关系式计算如下：

$$10^3 C_D = 0.63 + 0.066|\vec{W}|$$

本模型中风应力计算采用应用较广泛的计算式，即

$$\vec{\tau} = C_D \rho_a \vec{W} |\vec{W}| \tag{5.45}$$

式中　ρ_a——空气密度，取 1.226kg/m^3；

C_D——经验值，取 2.6×10^{-3}。

第6章

风暴潮水动力学数学模型的
工程应用

鉴于风暴潮的对沿海地区产生的巨大危害，特别是在渤海湾沿岸，由于水深变浅、岸坡趋缓，易于发展风暴潮，且登陆日渐频繁常常会导致大面积岸滩淹没，对海上交通、水产养殖及海上建筑作业影响较大。因此，防灾减灾工作及对渤海湾区域风暴潮开展研究具有十分重要的意义。本书在此基础上进行风暴潮水动力学数值模拟。

本书将模拟部分划分为小模型和大模型。通过对小模型周围大模型的数值模拟，从而得到小模型边界条件上完整的数据资料，这样将有足够数据对小模型进行模拟计算。在小模型的边界处理上，将大模型生成结果中小模型边界条件处的结果作为小模型的边界条件，进而对小模型进行模拟计算，这种嵌套网格方法比较符合实际风暴潮模拟情况，也是目前比较普遍采用的风暴潮数值模拟方法。

6.1 模型概况

6.1.1 大模型海域概况及模型网格的剖分

本书进行风暴潮模拟的范围涵盖了黄海、渤海海域，大模型计算域为东经 $117°38'47''\sim126°32'38''$，北纬 $35°18'5''\sim40°50'43''$，模型水域等深线图如图 6.1 所示。

根据本书对网格数值计算方法的阐述，本次模拟采用正方形网格对计算区域进行剖分，由于模型涵盖的范围较大，因此网格采用的空间步长为 10km，计算的时间步长采用 60s。剖分后网格为 78 列×61 行，如图 6.2 所示。

6.1.2 小模型海域概况及模型网格的剖分

渤海湾位于渤海西部，北起河北省乐亭县大清河口，南至山东省利津县新黄河口，面积为 $14700km^2$，平均水深约为 18m，属于陆地环抱的浅海盆。渤海湾水下及岸上地形等高线图如图 6.3 所示。

小模型在水域内采用 ADI 法计算风暴潮发生时各点水位及流速，用正方形网格对计算区域进行剖分；考虑到模型范围仅覆盖了渤海湾，因此计算网格相应加密，采用的空间步长为 1km，时间步长采用 10s，剖分后为 121 列×161 行。风暴潮计算网

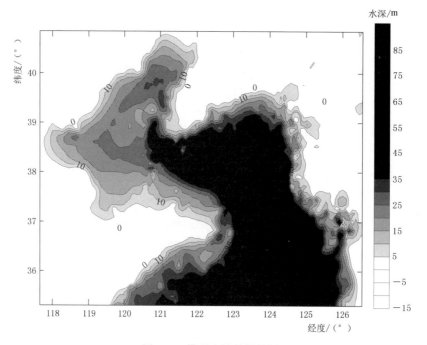

图 6.1　模型水域等深线图

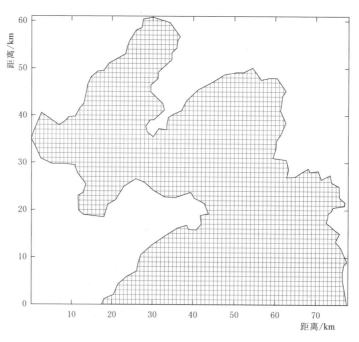

图 6.2　计算网格剖分示意图

格剖分如图 6.4 所示。

　　大模型网格为第一套网格，小模型网格为第二套网格，则大、小模型网格嵌套相对位置图如图 6.5 所示。

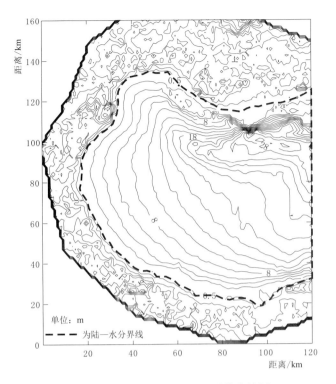

图 6.3 渤海湾水下及岸上地形等高线图

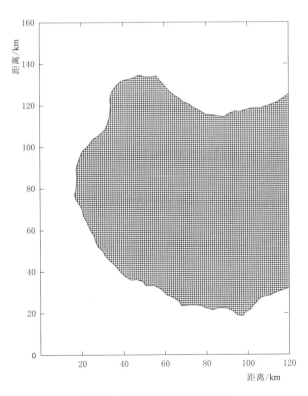

图 6.4 风暴潮计算网格剖分

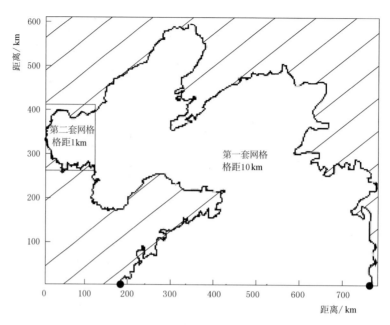

图 6.5　大、小模型网格嵌套相对位置图

6.2　大模型应用

6.2.1　大模型边界的确定与验证

由于模型边界实测资料的缺失，利用调和分析方法，得出潮位过程，可以作为计算模型所需要的边界。根据已知的 2002 年 3 月 1 日 0：00—12 月 31 日 23：00 的青岛港潮位资料计算出调和常数，从而计算出模型所需的边界潮位过程。采用 2002 年的青岛港实测潮位资料作为验证，青岛港潮位调和分析验证结果如图 6.6 所示，从验证结果来看调和分析方法具有可行性。

因此，采用调和分析计算的 2007 年 3 月 1—4 日青岛港的潮位过程作为大模型的边界条件，模型边界潮位过程如图 6.7 所示。

6.2.2　大模型风场的确定

本书模型计算的风场，即 2007 年 3 月 2 日 8：00—5 日 8：00，共 72h。如图 6.8、图 6.9 分别表示计算开始后第 30h 和第 50h 的风场风速分布示意图：

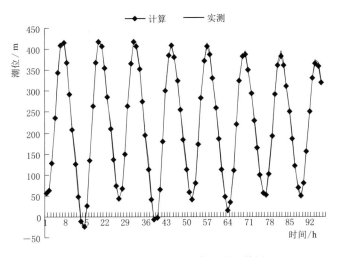

图 6.6　青岛港潮位调和分析验证结果

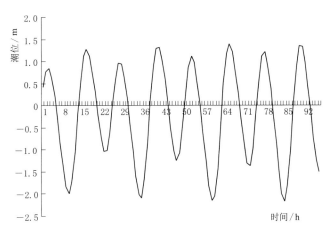

图 6.7　模型边界潮位过程

6.2.3　大模型压力场的确定

同风场计算的时间段从 2007 年 3 月 2 日 8：00—5 日 8：00，共 72h。如图 6.10、图 6.11 分别为计算开始后第 35h 和第 45h 的压力场分布示意图，图中可以看出压力变化并不明显，也是潮位验证过程中压力场影响并不明显的主要原因。

6.2.4　大模型模拟结果及对比分析

大模型计算了 2007 年 3 月 1 日 0：00 开始后的 95h 风暴潮发生过程，并且分别考虑了三种情况：①只有天文潮作用下的潮流潮位变化情况；②天文潮与风场共同作用

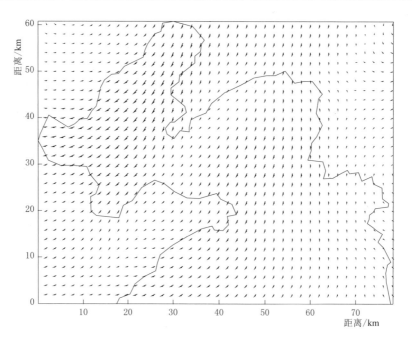

图 6.8　计算开始后第 30h 的风场风速分布示意图

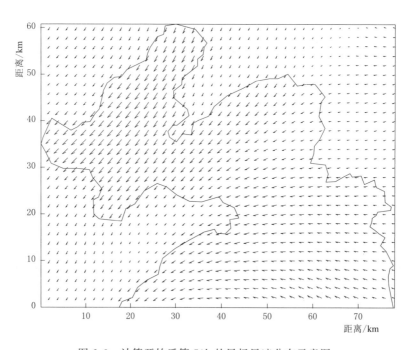

图 6.9　计算开始后第 50h 的风场风速分布示意图

下的潮流潮位变化情况；③天文潮、风场、压力场三者共同作用下的潮流潮位变化情况。取塘沽验潮站的实测资料的做对比，潮位变化如图 6.12～图 6.14 所示，风场对潮位作用与实测值更加吻合，同时考虑压力场作用后吻合效果并不如意。可以看出压

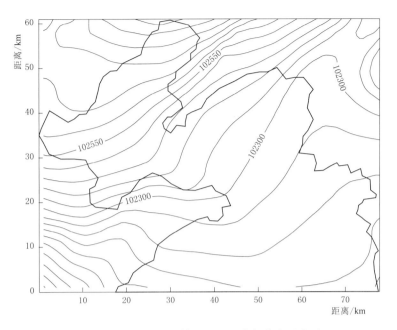

图 6.10 计算开始后第 35h 的压力场分布示意图

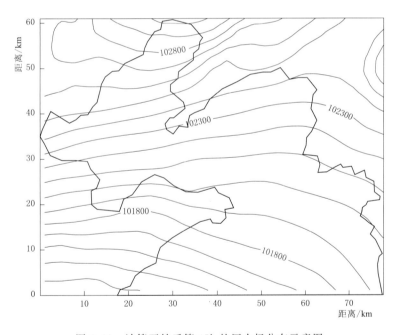

图 6.11 计算开始后第 45h 的压力场分布示意图

力场起到一定的影响作用，致使潮位整体略有下降，但是潮位并没有发生明显的波动变化，这是因为在模拟的这段时间内，大模型附近压力场没有发生剧烈变化。潮流场如图 6.15～图 6.17 所示，风场和压力场对潮流场都有一定程度的加强作用，其中风场作用尤为显著。

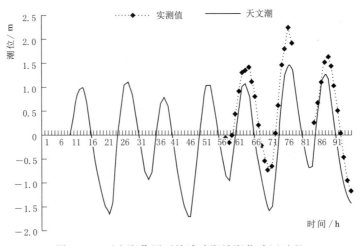

图 6.12　天文潮作用下塘沽验潮站潮位验证过程

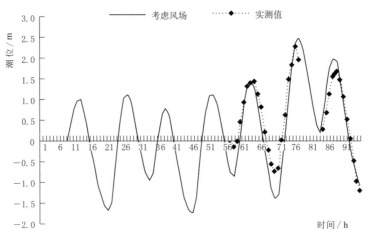

图 6.13　风场作用下塘沽验潮站潮位验证过程

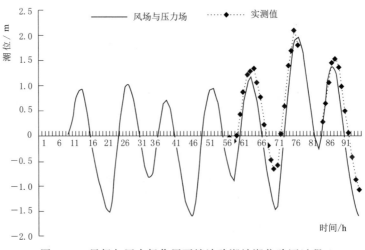

图 6.14　风场与压力场作用下塘沽验潮站潮位验证过程

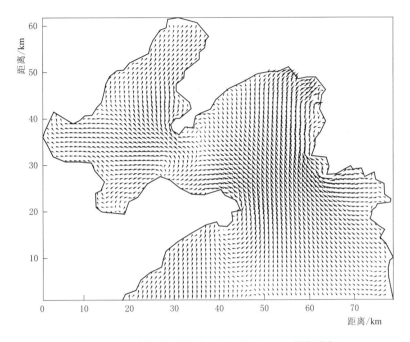

图 6.15 天文潮作用下的 3 月 4 日 20：00 的潮流场

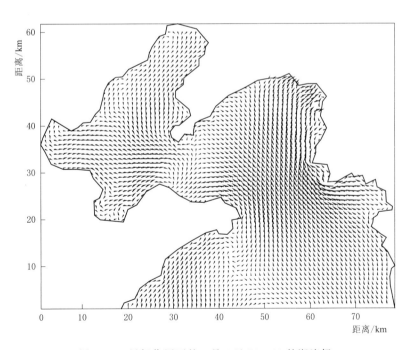

图 6.16 风场作用下的 3 月 4 日 20：00 的潮流场

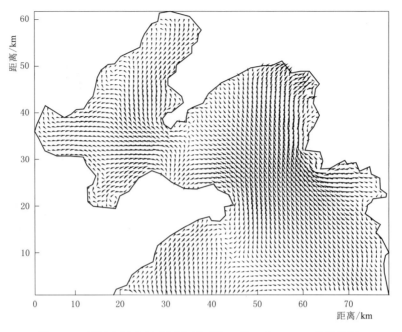

图 6.17　风场和压力场共同作用下的 3 月 4 日 20：00 的潮流场

6.3　小模型应用

6.3.1　小模型边界的确定

大模型计算了 2007 年 3 月 1 日 0：00 开始后的 95h 模型潮位，取点 A、B 以此作为渤海湾水域模型的边界。潮位点 A、B 的位置分别为东经 118°55′34″、北纬 38°46′56″；东经 118°55′34″、北纬 38°8′10″。据记载，在 2007 年 3 月 3—4 日渤海海域曾发生了一次风暴潮。潮位过程如图 6.18、图 6.19 所示。

同样，可以得出压力场对于小模型的影响并不是特别明显，只是在局部时段产生稍微变化。

6.3.2　小模型风场确定

小模型风场计算同样采用天津气象局提供的上海第二代海浪预报模式的新型混合型海浪模式，从 2007 年 3 月 2 日 8：00 开始后的 72h 风速。图 6.20、图 6.21 分别为模型计算开始后的第 20h 与第 50h 的渤海湾小模型风速分布。

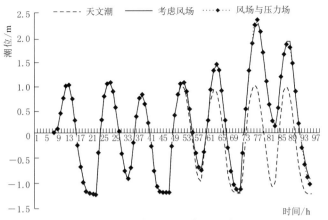

图 6.18   边界点 A 的潮位过程对比图

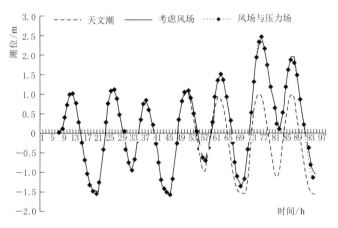

图 6.19   边界点 B 的潮位过程对比图

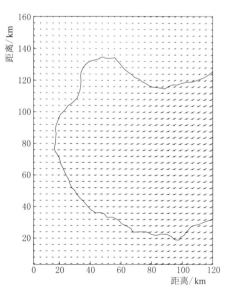

图 6.20   第 20h 风速分布图

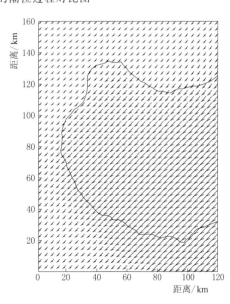

图 6.21   第 50h 风速分布图

127

可以得出，从 2007 年 3 月 2 日 8：00 起的风场，随着时间的推移，风力越来越强劲，其影响逐渐增大。

6.3.3　小模型压力场的确定

小模型压力场的计算时段同大模型一样，共 72h。如图 6.22、图 6.23 分别为计算开始后第 35h 和第 45h 的压力场分布示意图。从图上可以看出小模型附近的压力变化也不明显。

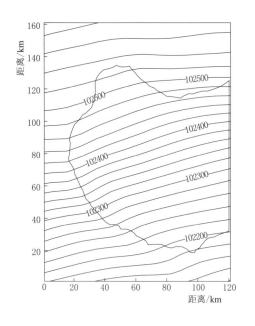
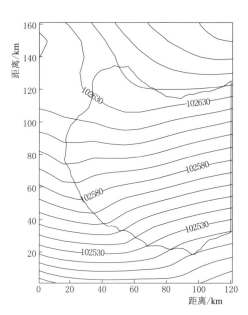

图 6.22　第 35h 的压力场分布　　　　　图 6.23　第 45h 的压力场分布

6.3.4　小模型模拟结果及对比分析

渤海湾风暴潮数学模型计算了 2007 年 3 月 1 日 1：00 开始的 94h 的潮流和潮位过程，分别考虑天文潮、风场、压力场作用下的不同边界条件所产生的影响。潮流场如图 6.24 所示，边界加入风场和压力场计算得到的潮流场在边界区域流速有所减弱。

潮位过程如图 6.25 所示，相对只考虑天方潮而言，在边界条件上考虑风场与压力场之后效果明显，更加符合实测资料。同时由 6.25（b）与图 6.25（c）可得，考虑加压之后效果并不是特别明显。

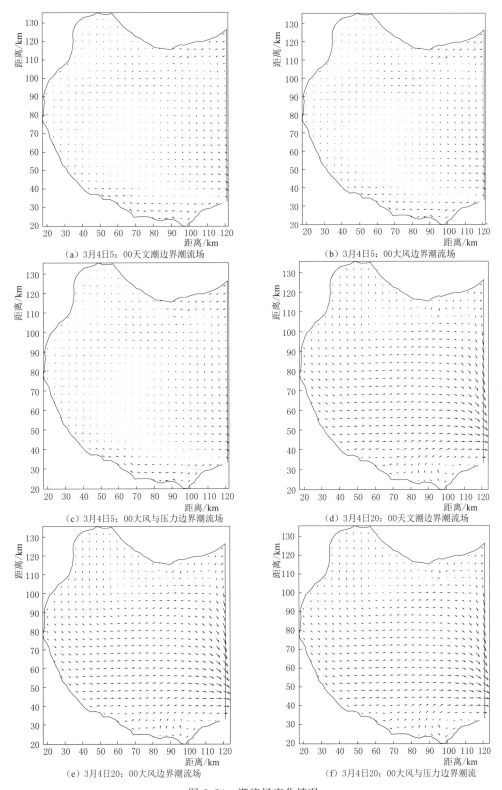

（a）3月4日5：00天文潮边界潮流场　　　　　（b）3月4日5：00大风边界潮流场

（c）3月4日5：00大风与压力边界潮流场　　　　（d）3月4日20：00天文潮边界潮流场

（e）3月4日20：00大风边界潮流场　　　　　（f）3月4日20：00大风与压力边界潮流

图 6.24　潮流场变化情况

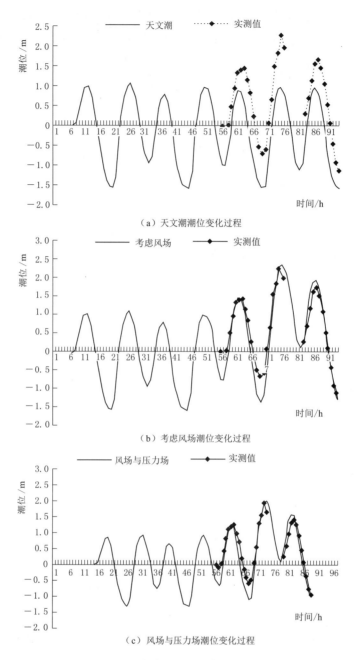

（a）天文潮潮位变化过程

（b）考虑风场潮位变化过程

（c）风场与压力场潮位变化过程

图 6.25　塘沽验潮站潮位验证过程

6.4　边界的不同取法对计算结果的影响

在小模型的边界处理上，本书将大模型模拟结果中的潮位值直接作为小模型的边界条件，另外也可以选取某些特定值作为小模型的边界条件，如边界上潮位的最大值、平均值、最小值等，本书在这方面也做了一些实验，分别考虑大模型生成结果中的数值以及渤海湾 1990—2000 年潮位实测值进行对比分析，得出一些结论。如图 6.26～图 6.28 所示，为不同边界处理方法模拟的增水效果以及本书所得天文潮与气象部门提供实际天文潮的比较。

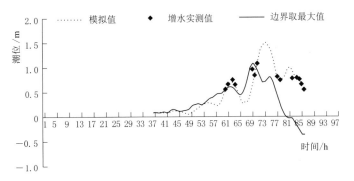

图 6.26　不同边界取值模拟增水效果与实测值比较

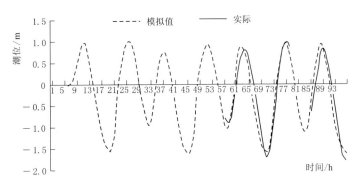

图 6.27　模拟天文潮与实际天文潮对比

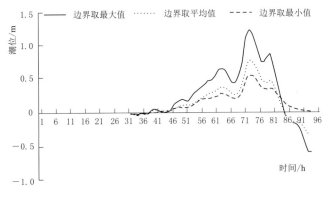

图 6.28　取不同特殊值作为小模型边界模拟增水比较

　　由图 6.26 得出，本书所采用的边界处理方法得到的增水较为符合实测值，鉴于实测值资料不全，实测值用离散点表示。由图 6.26 还可以知道，当取最大值作为小模型的边界条件时所模拟的增水除了整体趋势和本文模拟结果相似，在最高增水和时间步长上都落后于本书模拟结果；如图 6.27 所示，本书所得天文潮与气象部门提供天文潮数据相对吻合，但是气象部门所提供的天文潮数据有一部分缺失，因此也无法得到此时刻的增水实测值；由图 6.28 可知，随着边界值取值不同，模拟结果也发生了变化，整体情况是最高增水与时间步长与边界值取值大小成正比关系。

参 考 文 献

［1］ 孟燕萍，黄有方. 社会应急资源监测系统及其应急响应能力研究［J］. 中国安全科学学报，2012，22（4）：162-170.

［2］ 陈伟. 长江流域重大洪灾事件 11/30 二维时间周期分布——"11/30 二维时间坐标系"应用实例之一［J］. 海峡科技与产业，2014，178（4）：82-89.

［3］ 黄玉新. 多功能浅水模型的建立及其应用研究［D］. 大连：大连理工大学，2014.

［4］ 叶琳. 赤潮生态数学模型的研究及其在渤海的应用［D］. 天津：天津大学，2007.

［5］ 张腾飞. 四种有害藻对皱纹盘鲍变态发育及抗氧化酶活性影响研究［D］. 青岛：中国科学院大学（中国科学院海洋研究所），2017.

［6］ 于仁成，吕颂辉，齐雨藻，等. 中国近海有害藻华研究现状与展望［J］. 海洋与湖沼，2020，51（4）：768-788.

［7］ 陈楠生，张梦佳. 中国海洋浮游植物和赤潮物种的生物多样性研究进展（三）：南海［J］. 海洋与湖沼，2021，52（2）：385-435.

［8］ 范玉. 河道、滞洪区一二维洪水演进数学模型的研究与应用［D］. 天津：天津大学，2006.

［9］ 张大伟. 堤坝溃决水流数学模型及其应用研究［D］. 北京：清华大学，2008.

［10］ 马延文，傅德薰. 高精度有限差分法与复杂流动的数值模拟［J］. 自然科学进展，2002（8）：3-11.

［11］ 姜志群，王佩兰. 河道洪水演进有限差分模型糙率系数的率定［J］. 水文，1996（6）：45，57-59.

［12］ 于子波，范兆峰，安书全. 河流水质预测的有限差分模型的修正解［J］. 三峡大学学报（自然科学版），2007，96（3）：201-202，229.

［13］ 汤玉福. 用有限差分模型反求高升水源各项补排量［J］. 黑龙江水利科技，2015，43（10）：25-27.

［14］ 刘树坤，李小佩，李士功，等. 小清河分洪区洪水演进的数值模拟［J］. 水科学进展，1991（3）：188-193.

［15］ 周孝德，陈惠君，沈晋. 滞洪区二维洪水演进及洪灾风险分析［J］. 西安理工大学学报，1996（3）：243，244-250.

［16］ 曹志芳，李义天. 蓄滞洪区平面二维干河床洪水演进数值模拟［J］. 应用基础与工程科学学报，2001（1）：74-79.

［17］ 魏勇. 尾矿坝漫顶溃坝砂流演进数值模拟与风险评价［D］. 沈阳：东北大学，2011.

［18］ 王鹏超. 止回阀关阀特性对管道瞬态水动力学参数影响研究［D］. 兰州：兰州理工大学，2019.

［19］ 朱晓钢，聂玉峰，王俊刚，等. 分数阶对流扩散方程的特征有限元方法［J］. 计算物理，2017，34（4）：417-424.

[20] 吴春秋，杨斌. 北京细粒土硬化土本构模型参数试验研究 [C]//中国土木工程学会第十二届全国土力学及岩土工程学术大会论文摘要集，2015：308.

[21] 曾光明，蒋益民，袁兴中，等. 平原区二维复杂河流水质模拟计算 [J]. 环境科学学报，2000 (5)：603-607.

[22] 焦润红. 河口围垦工程与一二维衔接水沙数学模型的研究 [D]. 天津：天津大学，2005.

[23] 谢一凡. 改进多尺度有限单元法求解二维地下水流问题 [D]. 南京：南京大学，2015.

[24] 苏超，陶俊佳，朱莎珊，等. 有重力墩拱坝的优化设计研究 [J]. 水电能源科学，2016，34 (4)：51-53，62.

[25] P. W. McDonald. The Computation of Transonic Flow Through Two. Dimensional Gas Turbine Cascades [J]. American Society of Mechanical Engineers，1971：71-89.

[26] S. V. Patankar, D. B. Spalding. A Calculation Procedure for Heat，Mass and Momentum Transfer in Three Dimensional Parabolic Flows [J]. Int. J. Heat Mass Trans，1972，15：1787-1806.

[27] Jameson A. ，Caughey D. . A finite volume method for transonic potential flow calculations [Z]. Reston, Virigina：American Institute of Aeronautics and Astronautics.

[28] 胡四一，谭维炎. 用 TVD 格式预测溃坝洪水波的演进 [J]. 水利学报，1989 (7)：1-11.

[29] 谭维炎，胡四一. 二维浅水流动的一种普适的高性能格式——有限体积 Osher 格式 [J]. 水科学进展，1991 (3)：154-161.

[30] 谭维炎，胡四一. 浅水流动的可压缩流数学模拟 [J]. 水科学进展，1992 (1)：16-24.

[31] 谭维炎，胡四一，韩曾萃，等. 钱塘江口涌潮的二维数值模拟 [J]. 水科学进展，1995 (2)：83-93.

[32] 范玉，李大鸣，赵明雨. 一二维衔接洪水演进模型在永定河泛区的应用研究 [J]. 中国农村水利水电，2014，385 (11)：39-42.

[33] 赵棣华，戚晨，庚维德，等. 平面二维水流—水质有限体积法及黎曼近似解模型 [J]. 水科学进展，2000 (4)：368-374.

[34] 陈靖，李大鸣，郝莹，等. 分区层化立体多重天津城市暴雨内涝模型研究 [J]. 水动力学研究与进展（A辑），2019，34 (3)：367-376.

[35] 吕心瑞，姚军，黄朝琴，等. 基于有限体积法的离散裂缝模型两相流动模拟 [J]. 西南石油大学学报（自然科学版），2012，34 (6)：123-130.

[36] 李绍武，张弛，杨学斌，等. 基于有限体积法的平面二维水流数学模型的改进 [J]. 水道港口，2014，35 (5)：475-480.

[37] 张丽琼，崔广柏，杨珏. 通量向量分裂格式及有限体积法在水流模拟中的应用 [J]. 水利水电技术，2001 (8)：9-11，19-67.

[38] 张婷. 基于改进干湿算法的洪水演进三维水动力学模型开发与应用 [D]. 天津：天津大学，2015.

[39] 杨艳林，靖晶，杨志杰，等. 多相流数值模拟中复杂地质体网格剖分实现技术 [J]. 吉林大学学报（工学版），2015，45 (4)：1281-1287.

[40] 朱自强. 图书题名缺失 [M]. 北京：北京航空航天大学出版社，1998.

[41] 陈建军. 非结构化网格生成及其并行化的若干问题研究 [D]. 杭州：浙江大学，2006.

[42] 张干. 四边形网格生成方法研究 [D]. 大连：大连理工大学，2020.

[43] 曲英铭，黄建平，李振春，等. 分层映射法起伏自由地表弹性波正演模拟与波场分离 [J]. 石油地球物理勘探，2016，51（2）：205，261 - 271.

[44] 陈礼杰，吴慧，李铁瑞，等. 基于曲面拟合的复杂自由曲面网格划分 [J]. 中南大学学报（自然科学版），2018，49（7）：1718 - 1725.

[45] S. Rebay. Efficient Unstructured Mesh Generation by Means of Delaunay Triangulation and Bowyer - Watson Algorithm [J]. Journal of Computational Physics，1993，106（1）：125 - 138.

[46] 欧莽. 非结构网络生成技术及在浅水波方程求解中的应用 [D]. 合肥：安徽大学，2004.

[47] 李蒙. Delaunay 网格划分算法设计与实现 [D]. 沈阳：东北大学，2014.

[48] 孙力胜，郑建靖，陈建军，等. 二维自适应前沿推进网格生成 [J]. 计算机工程与应用，2011，47（3）：146 - 148，173.

[49] 修荣荣，徐明海，黄善波，等. 一种改进的二维平面区域三角形化的前沿推进法 [J]. 石油大学学报（自然科学版），2003（5）：6 - 80，73 - 75.

[50] 修荣荣，徐明海，黄善波. 自动生成四边形网格的方法及其在数值模拟中的应用 [J]. 中国石油大学学报（自然科学版），2011，35（2）：131 - 136.

[51] 孔铁全，任钧国. 四叉树法网格划分的数据结构及算法设计 [J]. 航空计算技术，2003（2）：82 - 84，89.

[52] 许鹏，梁国柱. 四叉树法非结构网格剖分技术研究 [J]. 中国机械工程，2006（S1）：312 - 314，326.

[53] 陈炎，曹树良，梁开洪，等. 结合前沿推进的 Delaunay 三角化网格生成及应用 [J]. 计算物理，2009，26（4）：527 - 533.

[54] 孙璐，赵国群. Delaunay 三角形网格生成中的密度控制技术 [C]//创新塑性加工技术，推动智能制造发展——第十五届全国塑性工程学会年会暨第七届全球华人塑性加工技术交流会学术会议论文集，2017：377 - 380.

[55] 青文星，陈伟. Delaunay 三角网生成的改进算法 [J]. 计算机科学，2019，46（S1）：226 - 229.

[56] 杨鑫. 四边形网格生成技术研究 [D]. 大连：大连理工大学，2019.

[57] 张细兵. 图书题名缺失 [M]. 北京：中国水利水电出版社，2014.

[58] 江绍刚. 潮流数值计算 ADI 法的研究 [J]. 海洋科学，1988（4）：12 - 16.

[59] 吴巍，孙文心. 渤海局部海域风暴潮漫滩计算模式——ADI 干湿网格模式在渤海局部海域风暴潮漫滩计算中的应用 [J]. 青岛海洋大学学报，1995（2）：146 - 152.

[60] 李燕初，蔡文理. ADI 潮汐模型的活动边界方法及其效应 [J]. 海洋学报（中文版），1993（2）：115 - 120.

[61] 张修忠，王光谦，金生. 浅水控制方程数值计算方法的研究 [J]. 水科学进展，2003（4）：317 - 323.

[62] 艾丛芳，金生. 基于三角形网格求解二维浅水控制方程的改进的 HLL 方法 [J]. 水动

力学研究与进展 A 辑，2007（6）：723-729.

[63] 吴红侠. 基于有限体积法的二维浅水水流数值模拟技术研究［D］. 合肥：安徽大学，2012.

[64] 范子武，姜树海. 蓄、滞洪区的洪水演进数值模拟与风险分析［J］. 水利水运科学研究，2000（2）：1-6.

[65] 范玉，陈建，李大鸣. 一维、二维洪水演进数学模型在滞洪区的应用［J］. 华北水利水电学院学报，2009，30（4）：12-15.

[66] 李大鸣，林毅，周志华. 蓄滞洪区洪水演进一维、二维数值仿真及其在洼淀联合调度中的应用［J］. 中国工程科学，2010，12（3）：82-89.

[67] 杨芳丽，张小峰，张艳霞. 一维河网嵌套二维洪水演进数学模型应用研究［J］. 人民长江，2011，42（1）：59-62.

[68] 谢作涛，方红卫，仲志余. 荆江-洞庭湖复杂河网洪水演进数学模型研究［J］. 泥沙研究，2010（3）：38-43.

[69] 水利部天津水利水电勘测设计研究院. 大清河流域设计洪水分析报告［R］，2000.

[70] 杨紫佩. 小清河蓄滞洪区洪水演进数学模型及水量平衡的研究［D］. 天津：天津大学，2014.

[71] 郑立松. 风暴潮—天文潮—波浪耦合模型及其在杭州湾的应用［D］. 北京：清华大学，2010.

[72] 李锐. 近岸浪—流耦合物理机制及其应用研究［D］. 青岛：中国海洋大学，2013.

[73] 邓健. 中尺度海—气—浪耦合模式系统的研究及应用［D］. 武汉：武汉理工大学，2007.

[74] 徐宿东，殷锴，黄文锐，等. 基于波流耦合模型的江苏沿海风暴潮数值模拟（英文）［J］. Journal of Southeast University（English Edition），2014，30（4）：489-494.

[75] 李鑫，张金善，章卫胜. 风暴潮耦合数值模式在渤海海域中的应用［J］. 水运工程，2009，433（10）：25-31.

[76] 李大鸣，徐亚男，宋双霞，等. 波浪辐射应力在渤海湾海域对风暴潮影响的研究［J］. 水动力学研究与进展（A辑），2010，25（3）：374-382.

[77] Pleskachevsky Andrey，Eppel Dieter-P.，Kapitza Hartmut. Interaction of waves，currents and tides，and wave-energy impact on the beach area of Sylt Island［J］. Crossref，1993，（3）：451-461.

[78] 李大鸣，徐亚男，白玲，等. 渤海湾温带风暴潮数值预报模型［J］. 天津大学学报，2011，44（9）：840-846.

[79] Mastenbroek C.，Burgers G.，Janssen P. A. E. M.. The Dynamical Coupling of a Wave Model and a Storm Surge Model through the Atmospheric Boundary Layer［J］. J. Phys Oc，1993，23（8）：1856-1866.

[80] Zhang M. Y.，Li Y. S.. The synchronous coupling of a third-generation wave model and a two-dimensional storm surge model［J］. Ocean Engineering，1996，23（6）：533-543.

[81] 林祥，尹宝树，侯一筠，等. 辐射应力在黄河三角洲近岸波浪和潮汐风暴潮相互作用中的影响［J］. 海洋与湖沼，2002（6）：615-621.

［82］ 郑金海，严以新. 波浪辐射应力理论的应用和研究进展［J］. 水利水电科技进展，1999（6）：5-7，63.

［83］ Thornton E. B.，Guza R. T.. Surf zone long shore currents and random waves：model and field data［J］. J Phys Oc，1986，16：1165-1179.

［84］ 李冰绯. 海上溢油的行为和归宿数学模型基本理论与建立方法的研究［D］. 天津：天津大学，2004.

［85］ 王喜年. 风暴潮预报知识讲座第六讲［J］. 海洋预报，2002，3（19）：65-72.

［86］ 吴丹. 渤海海洋溢油数学模型基本理论及应用研究［D］. 天津：天津大学，2010.

［87］ 熊继斌. 渤海湾风暴潮漫滩数值预报模型的研究及其应用［D］. 天津：天津大学，2009.

［88］ 于福江，张占海. 一个东海嵌套网格台风暴潮数值预报模式的研制与应用［J］. 海洋学报（中文版），2002（4）：23-33.

［89］ 章卫胜，张金善，赵红军，等. 黄骅港外航道寒潮风暴潮及大浪作用下泥沙骤淤数值模拟［J］. 中国港湾建设，2010，169（S1）：32-37.

［90］ 张敏，米婕，赵振宇，等. 基于模型耦合的北部湾风暴潮增水与风浪模拟研究［J］. 广西科学，2019，26（6）：655-662.

［91］ 孙志林，钟汕虹，王辰，等. 舟山渔港风暴潮模拟分析［J］. 海洋学报，2020，42（1）：136-143.